予測が
つくる社会

「科学の言葉」の使われ方

山口富子
福島真人——[編]

東京大学出版会

Simulation, Prediction, and Society:
The Politics of Forecasting
Tomiko Yamaguchi and Masato Fukushima, editors.
University of Tokyo Press, 2019
ISBN978-4-13-056120-4

はしがき

シュルレアリスムの鬼才、サルバドール・ダリの一九三〇年代の作品に〈茹でた隠元豆のある柔らかい構造〉という、美術の教科書でもしばしばお目にかかる不気味な作品がある。彼の作品によく出てくる荒涼たる空間に、腕と足が首をささえるようなグロテスクな肉体の構造物が中心に描かれ、その周辺に茹でた豆や人物像などが点在する文字通り悪夢のような作品である。この印象的のタイトルは、他のシュルレアリスムの作品同様、それ自体が作品の一部のような内容だが、その副題は〈内乱の予感〉である。

この作品のどこをみても、内乱とは具体的に何を示すのかは描かれてはない（具体的にはスペイン内戦を示すとされている）。だがそれが何か分からなくても、この作品からひしひしと伝わってくるのは、その不気味な雰囲気と、その「予感」そのものである。何かがこれから起こる、その「何か」に向けて、われわれがみなそわそわし始め、あるものは逃げる支度をし、またあるものは戦う準備に勤しむ。「予感」にはそうした力がある。

実際、これから起こりうる事態に対して、それを事前に察知し、対応する、というのは、どの時代、どの地域の人々にとっても生存のための必須の技術である。農民や漁民にとって、空に浮かぶ見慣れない雲の形は、これから起こる気候不順の嫌な予兆かもしれない。権力者にとって、地方でのちょっとした暴力沙汰は、政治的不穏の兆候の可能性がある。あるいは逆に、町中で開かれる市場の活況は、これから来る好景気の喜ばしき吉兆として歓迎されうる。

自然や時代の兆候を知り、それに応じて自らの態勢を整えるというのは、ある意味で時代を超えたわれわれの中心的な営為の一つであるが、現代では、そこに新たな事態が加わっている。それは「予測」という形で未来を知るための装置があふれ返っているという事実である。長い経験の積み重ねから、雲の形を読み解いてきた伝統は、世界的に張りめぐらされた観測網と、データを解析するスパコン（スーパーコンピュータ）や様々な気象モデルに代替されてきている。都市の一角での暴力沙汰は、ビックデータの一部として処理され、そこから犯罪のパターンが読みとられて、次の犯罪の予防への努力が続く。

こうした予測の範囲は、いまや非常に大きな範囲におよぶのは言うまでもない。地震の予測、市場予測、技術評価、人口予測、さらにはトレンド予想など、予測の適用範囲は、自然環境から経済、社会、さらには文化、流行にいたるまで広範にわたり、その結果、われわれの現在の行動、政策、さらには文化的嗜好などにも否応なしにその影響を受ける。それに加えて、現在のわれわれの行動や政策そのものが、予測そのものに再作用するという、いわゆる「再帰的」な現象もあり、話は複雑化している。未来を予感し行動するという、われわれの歴史的習性は、様々な科学技術的手法を取り入れることで、現在社会の一つの大きな特徴を形作るようになった、それはある意味、古くて新しい問題であり、もしダリが同じような絵を今描くとしたら、そこにほとんど目に見えない形で、アルゴリズムやナビエ - ストークス方程式をその後景に描いたかもしれないのである。

本書の目的と構成

このような現象を踏まえ、本章に所収されている論文は現代社会の様々な領域に深く浸透する予測と社会のかかわりについて考察する。辞書は、「予測」を将来の出来事を科学的あるいは数値的な根拠を重んじつつあらかじめ推測する行為と定義する。何かを感じるという「予感」や、前もって知るという意味の「予知」とは区別されるものであるとも書かれている。本書では、予測という概念をより広くとらえ、科学的根拠に拠って立つ予測に、誰かの期待や覚悟などが影響を及ぼしているのではないかという問題意識に立ち分析を進める。予測が社会をどう動かすのか、また社会が予測にどのような影響を及ぼすのかを解明することにある。

この目的を踏まえ、本書は「I　未来を語る――期待の社会学」「II　未来のエコロジー――予測モデルの動態」「III　未来をつくる――予測モデルと政策」という三部構成からなる。

第1章「過去を想像する／未来を創造する」（福島）は、全体の通奏低音となる論点を概観しつつ、本書の問題の所在を明らかにする。ここでは、「確定したかのごとく語られる未来」によって拘束される現代社会について、様々な問題提起がなされる。

次に、第I部では、未来についての予測を「語る」ことが社会をどう動かすのかについての分析である。ここでは、「語る」ことは、社会を「つくる」ことに他ならないという前提で議論が進められる。第2章「未来の語りが導くイノベーション――先端バイオテクノロジーへの期待」（山口）は、科学者コミュニティー内の期待が行政機構に受け渡され、科学としての先端バイオテクノロジーへの期待がイノベーションへの期待という意味構造に埋め込まれる社会過程を示す。第3章「未来をつくる法システム――DNA型鑑定への期待と失望」（鈴木）では、期待が起こす社会ダイナミズムは失速するということを示す。ここでは、「期待」と「失望」という概念を手がかりに、DNA型鑑定に対する日本とアメリカ社会の動きを追う。DNA型鑑定が客観的なデータを生成する価値中立的なツールだとすれば、日本とアメリカにおいてDNA型鑑定の取り扱いがなぜ異なるのであろうか。国際比較を通してその答えを導き出す。第4章「防災における「予測」の不思議なふるまい」（矢守）では、防災にかかわる予測は、それが外れる事が期待されるという自己矛盾を内包すると指摘する。その矛盾について、主体的なエージェント／客体的なオブジェクトという枠組みで考察が進められる。第Ⅰ部では、「期待の社会学」「発話行為論」という立場から三つの異なる領域に観られる現象を検討しつつ、予測と期待、さらには過去、現在、未来が混然一体となり社会が変化する様子を描く。

科学的データに拠って立つ予測の場合、モデルづくりが重要な役割を果たす。そこで、第Ⅱ部では、感染症、地震にかかわる予測モデルを取り上げ、その生成や発展の過程、予測モデルの背後にある考え方など、いわば予測の方法論上の課題を取り扱う。第5章「感染症シミュレーションにみるモデルの生態学」（日比野）では、感染症シミュレーションの多様なモデルやその活用の場面、またデータの有無という社会・技術システムの問題を、「モデルの生態」というアナロジーを用い論じる。日本と台湾における予測ツールが政策的意思決定にどのように接続したか、具体的な事例を取り上げ、シミュレーションをもとに生じる予測の語りが、政策の特性に応じて受容・拒否されるという問題を指摘する。第6章「語りと予測の生む複雑さ」（橋本）では、コンピュータ・シミュレーションを使う構成論的アプローチを取り上げ、そこで生じる計測の問題、計算の限界、計算速度の問題など、いわば予測ツールに内包される技術的限界や、さらには予測ツールの本質的な問題について論ずる。本章を通して、本書の主要な概念のひとつである「行為遂行性」についてさらに理解を深めることができるであろう。一九九〇年代に入り、地震予知の実行可能性とその確からしさについて議論が沸き起こり、地震予知を前提とする防災対応の見直しが起こったことは記憶に新しいが、このエピソードを通して、多くの人が、地震の予測は、政治と社会から切り離して考えることができないということに気づいたことであろう。こうした問題を踏まえ、第7章「過去に基づく未来予測の課題——確率論的地震動予測地図」（鈴木・纐纈）では、地震予測に関するモデルとデータについて論ずる。

第Ⅲ部では、政策のための予測をテーマとし、予測モデルが政策の現場でどのように活用されているのかを概観する。第8章「政策のための予測を俯瞰する」（奥和田）は、政策的寄与を目的とする予測を対象として、予測が多様な文脈（地球規模の組織から、共同体、国家、自治体など）でどのように行われているか、その見取り図を示す。第9章「規制科学を支える予測モデル——放射線被ばくと化学物質のリスク予測」（村上）は、「予測」の中でも危険性を数値化して問題が生じないようにフィードバックをかける、いわゆるリスク予測（リスク管理）の問題を取り扱う。放射性被ばくや化学物質の規制値を取り上げ、その考え方や哲学について触れる。規制措置には、科学的な評価だけに収まりきらない社会的な要素が含まれるということが分かる。第10章「予測と政策のハイブリッド——日本の経済計画における予測モデルと投資誘導」（ソン）は、一九六〇年代における日本の経済計画で使われた経済予測モデルと実際の経済成長のずれに着目し、そのずれをめぐる、官庁エコノミスト、経済学者、民間企業の議論を歴史的に分析する。たとえ洗練された経済予測であっても、どのモデルを使うのか、予測モデルの結果をどう評価するのか、予測モデルをどう修正するのかなど、そこに関与する人の意図が介在する。経済予測の社会性を示す事例である。

本書は、期待によって生じる社会的ダイナミズム、感染症シミュレーションや地震学等の予測に関連する社会的課題、また予測科学と政策の接続という問題を取り扱いながら、予測がどのようにして社会をつくるのか、その見えざる過程の研究である。中には、純粋に自然科学的な装いをしながら、そこに素人では判別がつかないような方法論的課題が存在するような領域から（例えば、地震学のように）、その予測の確からしさが専門家でも判断が難しいもの（例えば、技術予測）、さらには予測の根拠となる数値や指標の意味の解釈が歴史的に変化したもの（例えば、経済指標）まで、予測と社会の関係は複雑かつ多面的である。

本書を通して、より多くの人が予測科学に対する妄信と不信の両極端を排除し、予測を社会の中に位置づけてとらえることの大切さに気づいて頂けたとすれば本書はその目的を達したと言えよう。

山口富子・福島真人

予測がつくる社会　目次

第1章　過去を想像する／未来を創造する

福島真人

1　過去を想像する

社会の歴史

かつてインドネシアを含む、東南アジアの地域研究にかかわっていた時に、困ったことがあった。それは歴史上の多くの出来事の推移の理由がよく分からないという問題である。例えば、ジャワ島の歴史をみると、東ジャワを中心として反映したモジョパイト王国は、一六世紀に滅び、北部港湾地帯に成立したイスラーム系の小国家、例えばデゥマッ王国に取って代わられ、それをついでジャワ島南部にマタラム王国が誕生した、と歴史書には書いてある（永積　一九七七）。この過程で、ヒンドゥージャワ主義を信奉していたジャワ島はイスラームへと大転換したというのがその大きな流れとされる。

問題は、その転換の具体的な実態が、詳しくは分からないという点である。それを物語る歴史資料がないために、その空白を様々な二次的資料で埋め合わせることが要求される。例えばスナン・カリジョゴというヒンドゥージャワ主義の行者が川縁で瞑想していたら、多くの時間がすぎ、気がついたらムスリムになっていた、といった民間伝承がある。一種の平和的移行を象徴しているようだが、もちろん、史実としてはいただけない。この伝承を自分の比較イスラーム論に援用したのは文化人類学者のギアツだが（Geertz 1968）、彼は一九世紀のバリ島国家体制を「劇場国家論」と論じて、一世を風靡したこともある（ギアツ 一九九〇）。とはいえギアツのこの古典的な歴史民族誌においても、その社会構造の分析は、あくまで彼の第二次世界大戦後のフィールド調査にもとづいている。ある歴史学者が当時これを、トコロテン史観（つまりトコロテンのように、歴史が同じ形状を維持していると仮定してのもの）と個人的に批判していたのを覚えている。

しかし、こう批判した歴史学者も、自分の代替案があるわけでもない。資料がない以上、その空白は、他の資料や状況からアナロジー的にうめるか、空白のまま残すしかない。例えばブロックの浩瀚な『封建社会』（ブロック 一九九五）という本は、そのテーマについての包括的な著作ではあるが、基本的には領主階級の記述が中心で、当時の農民の実態はこの本を読んでもよく分からない。これが先史時代になれば、話はさらにむずかしくなる。先日話題になった青森の三内丸山遺跡などはその典型であろうが、これだけ長期間持続した共同体なら、もし資料が残っていれば、きわめて興味深い社会史が書けたかもしれない。もちろん現実にはそれは不可能である。

こうした現状から、過去を知ることについての方法論的な対立は常に学界を賑わせる運命にある。サルトル／レヴィ＝ストロース論争は、結果として構造主義の名前を世に知らしめることに貢献したが、マルクス主義に準じて歴史の「法則性」を論じ、それによって未開社会が歴史の必然として消滅することを指摘したサルトル（一九六二）に対して、レヴィ＝ストロース（一九七六）はわれわれの歴史記述そのものが、実態としての法則性を示すというよりは、現時点から見たわれわれの暗黙の思考によるコード化に従っていると反論した。歴史年表を見てみると分かるが、そこでの歴史記述は決して時間的に等間隔になっているわけではなく、現在から遠い出来事の間隔は広く、現在に近くなると狭くなる。例えば縄文時代と昭和の歴史記述を比較してみると分かりやすい。縄文時代にめだった事件が起こらなかったとか、変化が乏しかったというよりは、レヴィ＝ストロースはそれを、現在を中心とした時間記述の構成が特定のコードに従っていると主張したのである。

　こうした哲学的な論争に限らず、歴史の虚構性と実在性をめぐる立場の対立というのはわれわれの過去への理解に様々な形で姿を現す。国内に限って見ても、歴史上の人物の実在性が疑われたり（聖徳太子等）、その画像が間違っているとされたり（源頼朝、武田信玄等）、歴史的な「常識」の変更のケースは枚挙に暇がない。あるいは、ホワイトとギンズブルグの間で戦われた有名な論争でも、歴史の語りとしての性格を強調するホワイトに対して、ギンズブルグは、歴史の実在性を強調し、ちょっとした歴史資料の断片が、いままで知られていなかった過去の大虐殺の実態を明らかにしたケースをあげている（cf. Roberts 2005）。

　実際歴史の専門家でないわれわれの多くも、ある意味この二つの立場の間で微妙にゆれ動いている。過去は実際に起きたことの集積であるはずだが、そこでもこの虚構（想像）と実在は複雑に絡み合っていて、論争が絶えないのである。

自然の歴史

自然科学の分野においても、自然界の歴史的な側面が近年重要性を増しているという印象をうける。その中には比較的純粋に学問的な理由、例えば理論物理学と宇宙論の融合という形で、宇宙の始まり等の議論が学問的な関心の舞台上に躍り出てきたといったケースもある。他方、地球温暖化のようなケースでは、その歴史性への関心の増加は、政治社会的な意味合いをもつ。温暖化論争は、過去の気候変動の実態をめぐる、一種の「歴史論争」という側面もあるのである。将来の気候変動についての予測には様々な予測モデルがつくられるが、そのモデルの妥当性は基本的に過去の気候データとの一致度で検証される。となれば、過去のデータの有効性はまさに未来予測の基本的インフラの役割を果たすことになる。

こうした関心が高まると、過去のデータを採集するその方法自体にも様々な議論が巻き起こることになる。そこに見られる問題は、例えば実際に得られた過去のデータそのものの信憑性の再検証という問題も起きてくる。

さらにこうした観測データそのものが存在しない場合、それ以外の手がかりから過去を再現する必要も出てくる。一般的に古〜学と呼ばれる分野はそうした研究をするが、興味深いのは特定の分野への関心が深まると同時に、こうした古〜学もその従来の意味を超えた、政治社会的な意味合いをもちはじめたという点である。震災の歴史的な記録を研究する分野などはその実例であるが、こうした分野では古文書に記された出来事を震災学という観点から解読するというきわめて学際的なアプローチが必要とされる。

しかしここで重要なのは、こうした過去についての接近法の発展にもかかわらず、過去についての復元の科学には必然的に、厳密な論証と想像の交錯、つまり科学的側面とアートのそれの混在という特性が否定できないという点である（Wylie 2015）。近年のコンピュータグラフィックス等の発達によって、過去の状況に関しても、リアルな映像を見ることは可能になりつつあるが、それは歴史と歴史小説の差と同様、よく分かっていない部分を様々な形で補ってできている映像である。科学哲学者のフレックが強調したのは、現場の研究レベルでの知識の不安定な構造、つまり常に論争や反論、微調整等が続く動的な状態は、教科書レベルになると安定し、さらにより一般的なイメージとして社会に流布するようになるという点である。ここには複数の段階が存在し、それぞれが固有な役割を果たしているという点が重要である（Fleck 1979）。後にラトゥールらがこれを、科学のヤヌス的な二つの顔という形で、論争状態の不安定な科学的知識と一応論争が集結して安定した科学という形で再図式化しているが（Latour 1987）、科学そのものの現場での具体的実践の複雑さと、それが一般に理解されるときにもたらされるある種の単純化との関係をここに見て取ることができよう。

2　未来を創造する

想像がつくる未来

実際に起きたことの集合体としての過去についてもこれだけ想像が介入する余地があるとするなら、まだ起きていない時制である未来についてはその全てが想像の産物であると断言したい誘惑にかられる。しかし現実にはそう考えられておらず、むしろ確定した未来が重くのしかかってくるという印象をわれわれはうけることが多い。こうした、あたかも確定したかのごとく語られる未来、というイメージについての興味深い抗議の声を、少し特殊なケースから取り上げてみる。

禅宗の僧侶で芥川賞受賞作家でもある玄侑宗久は、禅宗の立場から社会の様々な問題について積極的な発言を繰り広げているが、彼の発言の中で、筆者の注意をひいたのが、医師がしばしば行う余命何年（あるいは何カ月）という告知についての彼の批判である。医師たちのこの余命告知という行為は、過去の多数の患者データにもとづく、中立的、客観的な傾向を患者に告知するという意味で、科学的な正当性があると信じられているのは間違いない。今流行りの統計的「エビデンス」にもとづいて、学術論文を執筆したり、学会誌に事例報告をするのと同じ形で、科学的に正確な告知を行うのが、科学者としての医師の使命だと思っているのであろう。あるいは、インフォームド・コンセントに違反するから、せざるを得ないと思っているのかもしれないが。

玄侑が批判するのはまさにこれを正確な事実として語る点である。この事態を患者側から見れば、どうであろうか。例えば、余命一年と告知されたことで、その言葉が患者の中で一人歩きし始める、と玄侑は考える。つまり一年という目標に向かって、患者の心と体が収斂していくのである。そしてまさにこの予告通り、患者は一年後になくなるということになる、と彼は考えているのである。心、体、そして言葉の間にあるこうした精妙なつながりを、理系頭の医師たちはちゃんと分かっているのか、と玄侑は批判するのである（玄侑 二〇〇八）。

禅宗の作法に従う彼の批判には、実は本書で取り扱おうと考える重要な社会的テーマが潜んでいる。本章の導入部で示したように、実際に起こった過去についてのわれわれの知は、いかに、あたかも見てきたように描かれていても、所詮それは現実と想像の混合物であり、その境界がどこにあるか、哲学的にも論争が絶えない。それと同様に、ここにあるのは基本的にわれわれの想像の範疇に入るべき未来という時制が、なぜこんなに息苦しく感じられるのか。それがあたかも実際に起こった過去と対称性をもつような、拘束力をもつように見えるのはなぜか、という問いである。

ここで、この余命告知とは表面上ほとんど関係ないように見える別の事例を紹介する。半導体の集積率が一八か月で二倍になるという、ムーアの法則と呼ばれるものがあることはよく知られている。法則と呼ばれるように、これは一般にはそれを示す直線のグラフとして示される。これが厳密な意味で法則かどうかは別として、少なくともある種の規則性を示す経験則のようなものと普通見なされている。しかし技術のダイナミズム研究で有名な、オランダの社会学者ファン・レンテは、こうした見解を批判し、このグラフは実は多くの人々の行動の相互調整するための道具だと考える。つまりこの直線的なグラフを見る開発者たちは、この図式によって自分、およびライバルたちの立ち位置を確認し、今後の計画を調整する、そういう道具だというわけである（van Lente 1993；福島 二〇一七）。この議論は、前述した玄侑の主張とは一見関係がないように見えるが、実はその背後には似たような問題が潜んでいる。つまり、予測という形で科学的に語られる言説や図式が、現実の文脈でもつ、複雑な効果や作用についての考察の必要性である。

近年話題になった猿と人間の知能に関する本で、ズデンドルフ（二〇一四）は、人類が猿と異なる能力の一つとして、想像上のものを前提としてことを行う能力を挙げている。社会というのはまさにそうした様々な想像物や、それにもとづく約束事によって構成されていると多くの論者は指摘してきた。「集合表象」（デュルケーム 一九七一）、「想念」（カストリアディス 一九九四）、あるいは「共同幻想」（吉本 一九六八）等々、様々な概念があるが、もちろんこれはそのほんの一部である。こうした、共有された想像の成果としての社会は、多く言葉によって構成されるから、玄侑の批判する余命宣告という「言葉」そのものがまさに言葉として、患者の寿命そのものに複雑に反映しうるし、またムーアの法則という図表自体が、それによって人々が自らの行動を反照し、その結果、全体の調整を行う装置として働く、といった事態が生じうるのである。

これに関する別のケースとして、例えば貨幣という制度を考えてみるといい。貨幣はその物質的形態としては、金属の塊であったり、紙だったり、最近ではオンライン上の数字で事足りる場合もある。しかしいうまでもなく、この特殊な存在は驚くほどの能力をもち、多くのモノやサービスと交換することができる。しかし別に長大な貨幣論の歴史をわざわざ繙くまでもなく、この特殊な能力がその紙や物質そのものに付随しているわけではなく、それが貨幣であると社会的に信任されているから、そう機能するわけである。資本論の貨幣理解を敷衍した岩井（一九九三）の貨幣論の最も中心的な議論を要約するとこうなるのである。

科学的な予測は、自然界の様々な現象について語られるのが基本だが、もちろんその手法は爆発的に拡大して、経済や社会、人文系に関係する領域にまで及んでいる。その一覧表をつくるのは不可能であるが、気候や災害予測、市場予測、技術アセスメント、リスク評価、犯罪予測等多くの事柄に予測がまとわりついてくる。社会学者ギデンズはこれをかつて「未来の植民地化」と呼んだが（Giddens 1991）、最近の科学社会学者は、こうした現代の体制を「予期のレジーム」（Adams et al. 2009; MacKenzie 2013）と名づけている。さらに近年のビッグ・データに関する熱狂の中で、大量のデータを瞬時に分析することにより、直近の予測やさらに現状そのもののほぼ同時測定（fore-cast ではなくて now-cast）も可能になったといった主張すらある

(Varian 2014)。

こうした現状そのものの全体像自体はあまりに多様で複雑すぎるが、この章で強調したい最も中心的な点は、こうした予測は――それが自然科学的なフォーマットに依存することが普通であるにせよ――これ自体が一つの語り、あるいは発話であり、他のタイプの語り(発話)と基本的に同じ性質をもつ、という点である。それが本節の冒頭で示した二つの事例が暗示する問題である。

発話行為としての予測

われわれが日常的に使う言葉は、単に物事の現状を記述するだけではなく、それによってわれわれは多くのことを行なっているというオースティンの発話行為論(speech-act theory)は、様々な分野に甚大な影響を与えてきた。オースティンは言語の記述的な側面を事実記述的発話(constative utterance)、発話行為的な側面を行為遂行的発話(performative utterance)と分け、彼以前の議論が言語の記述的側面に止まり、後者の行為遂行的な面を等閑視してきたと指摘したのである。

後者には様々な事例があるが、分かりやすい例は、「約束」にまつわる発話である。例えばわれわれが「……をすると約束するよ」と言う場合、これは「……をする」という状態を記述しているわけではない。むしろ「……をすると約束する」ということで、「約束」という行為そのものをしているという。

この基本的な議論に続いて、日常的な発話行為の複雑な側面が次々分析されていくが、例えば単に○○はあるか、といった問いかけすら、文脈によっては、○○をとってくれとか、さらにその意図を理解して、その問いかけに対応しないといった反応すら可能になる。こうした発話と行為の関係についてオースティンは「発語行為」（locutionary act）、「発語内行為」（illocutionary act）あるいは、「発語媒介的行為」（perlocutionary act）といった分類を提案したが（オースティン 一九七八）、それは後にサール（一九八六）のような後継者によって網羅的な分類体系にまで拡張されたことはよく知られている。

このオースティンの議論が与えたインパクトは文字通り甚大であり、単に発話行為論という特定ジャンルの研究を確立したのみならず、周辺諸学にも多大な影響を与えてきた。こうした発話行為論への攻撃として、サールと派手な論争を繰り広げたデリダ（二〇〇三）の議論はよく知られているが、その挑戦は、発話行為論が展開する規範的な諸条件を様々な角度から攻撃することであった。しかしデリダ本人は、こうした攻撃の一方で、オースティンの議論のもつ本質的重要性については身近に漏らしていたと、その伝記には記されている（ブノワ＝ペータース 二〇一四）。

実際、その影響力は本書が扱う「科学技術の社会的研究」（social studies of science and technology）という研究分野にもその片鱗が見られる。前述したファン・レンテの議論はその一角とも言えるが、別の典型的なケースが、科学論の成果を経済社会学に応用した一連の研究である。そこで取り扱われるのは、経済学のモデルが現実の経済や社会で果たす様々な役割の再分析である。そうした研究の発端をつくったカロンの議論では、こうしたモデルが果たす役割について、それが単に現実を記述する道具（つまり記述的 constative）というよりは、むしろそのモデルそのものが現実をつくり上げていく（つまり遂行的 performative）側面に注目した分析が行なわれている（Callon 1998）。金融関係のテクノロジーやモデルが実際の金融取引で果たす役割を分析した著書として、『カメラではなくエンジン』（MacKenzie 2006）というタイトルの本があるが、これもまさに、記述的（カメラ）／遂行的（エンジン）という対比をモノに譬えて示したものである。ここで興味深いのは、この記述的／遂行的という議論の適用範囲が、日常的な会話レベルに限定されず、経済の数学的なモデルやアルゴリズムといった、科学的な分析装置そのものにまで拡張して適用されている、という点である。ここにオースティンの開拓した領域が、ここで扱おうとする科学的な予測の議論と合流するきっかけがある。

さらに言えば、人とモノ（human/non-human）の融合としての自然／社会を論じるアクター・ネットワーク論とその代表的論者の一人、ラトゥールの近年の議論にも、この発話行為論の深い影響が見られる。発話行為論の重要な貢献として、従来の事実記述的（constative）な発話における、真か偽かという判断基準を超えた議論を提案したという点がある。現実を記述した発話なら、それが正しいかどうかが重要な基準となるが、行為遂行的（performative）な発話では、その妥当性を判断する条件は、真か偽かではなく、それが適切なものと見なされるか、ちゃんと遂行されているか、といった点であろう。それを示すのが、「適切性」（felicity）という概念である。それは例えば約束が「約束」として認定され、実行されるための最低限必要な言語的、社会的条件のことであり、その詳細な分析が発話行為論の重要な貢献である。実はラトゥールもまた、近年の『存在様式論』（Latour 2013）で、この「適切性」条件を採用している。この議論の焦点は、様々な分野（法、経済、宗教その他）が固有の存在様式をもつと考え、それらをどうやったら適切に腑分けできるかというものである。従来のアクター・ネットワーク論にありがちな、なんでもネットワーク、なんでもハイブリッドといった近年の雑駁な議論とは逆の主張である。ここで彼が援用するのが、この適切性の条件なのである。それぞれの固有な領域における語りには、その発話の適切性条件があり、それらを混同して使用すべきではないというのが主旨である。例えば宗教について語る時に、経済的な視点から語るな、ということである。

発話行為論一般、さらにこの適切性条件の分析といった側面は、社会学的な側面をもつために、ブルデューのような社会学者がその分析を「社会学」そのものと見なした一方、その言語のモデルが（生真面目な）規範的な側面をもつために、デリダがその規範性を攻撃した。本書でも、その貢献を前提にしつつ、こうした批判者の議論にも影響をうけている。実際、発話行為論に対しては語用論そのものに近い領域からの反論もある。その一つの例が、スペルベルとウィルソン（一九九三）らのグライス派的な語用論的アプローチである。約束といった、社会文化的に習慣化した振る舞いではなく、冗談や皮肉、暗示といった、文脈に依存する会話の効果について、斬新なアプローチを展開したのがグライス（一九九八）だが、彼は、通常の会話では、その適切さとして、カントのアプリオリ論に依頼する四つの条件があり（例えば適切な長さとか）、それが侵犯されると、皮肉やしゃれ、笑いといった特殊な効果が発生すると考えた。妙に長い（あるいは短い）会話は、そのこと自体によって、微妙な効果を生むというわけである。この議論を発展させて、特に聞き手が発話を理解する能力をモデル化したのがスペルベルとウィルソンの『関連性』の議論である。ここで注目されるのは、発話者の意図に対する聞き手の推測である。それが発話のテーマとの関連性によって、字義通りなのか、それとも皮肉や反語といったニュアンスが追加されているかを聞き手が理解するのである。

この聞き手の理解という議論が重要なのは、ここで取り扱うような特定の発話、あるいはモデル、図式等は、基本的に公的な性格をもち、それゆえ、それを見聞きする母体も複雑、多岐にわたるからである。そこでこうした発話が実際にどういう効果をもつかは、聞き手の文脈に大きく依存するからである。実際この点がサールに対してデリダ（二〇〇三）のような批判者が論争を挑んだ点の一つでもあるが、「誰にとって」「いつ」効果が生じるかが、ここでの分析の重要な論点になってくるのである。

約束、期待、情動

本書に一貫して流れる最も重要な概念が、ここでいう発話行為的な側面であるが、しかしここではいくつかの注意が必要となる。まず第一に、事実記述的（constative）／行為遂行的（performative）という対比は、オースティン本人が指摘するように、現実の発話行為では複雑に絡みあっており、こちらに事実記述、そちらに行為遂行、という形で二つが孤立して存在しているわけではないという点である。特に予測という言説がもつ効果を分析する時に留意すべきなのは、予測は形式としては、事実記述的な形態をとる、つまりあたかもそれが事実を示すように語られるが、しかしそれは単に予測、推測にすぎず、それをどう位置づけるかで、様々な社会的、文化的な効果が生まれてくるという点である。

次に、既にいくつかの事例で示したように、ここでの議論は、狭い意味での言語的な発話のみならず、より広い範囲の科学的表象、例えば、図やグラフ、さらには様々なコンピュータグラフィック／映像といったものも含まれるという点である。実際、上述した経済社会学的な研究が着目しているのは、経済モデルや指標、あるいはアルゴリズムそのものの行為遂行的な側面である。このことは、研究者たちがこうした広い範囲の対象がもつ行為遂行的な側面に着目しているという点からも分かる。以下の章では、これに対してモデルの生態学という言い方を使って表現するが、これはモデルという一つの形式が、事実記述的／行為遂行的な様々な様態をもつというあり方を、一つの生態学的な多様性と見なして分析していこうという意味である。

ここでこの「行為遂行的」という言葉の複雑な含意について、言語学（言語哲学）から一旦離れて、より社会科学的な側面からそれを見直してみる。その一つの実例として、研究やテクノロジー開発の過程そのものを考えてみる。例えば研究者は、研究費を稼ぐために、研究計画書という文章を書かされる。そこではこれから行う研究の内容を記述する必要があるが、実はそこにはかなり怪しい部分があるというのは全ての研究者が薄々感じている点である。つまり研究はまだ分かっていないことを調べる行為だから、それがこういう結果を生んでうんぬんというのはある意味ただの希望的観測にすぎない。実際やってみたら実は何も出なかったり、あるいはノーベル賞級の大発見になるかもしれない。その「意気込み」は記述できても、どうなるかの計画はある意味研究者の妄想にすぎないという面もある。とはいえ、やってみないと分からないとは書けないので、あたかも成功は既成事実であるという雰囲気を匂わせつつ、大きな成果が「期待」される、と締めくくる。謙遜しすぎれば、印象が薄いし、誇張しすぎれば、法螺話に聞こえる。この二つの極は興味深いことに、現時点での現状の記述と、将来の可能性の、いわば「約束」の、中間的な言語なのである。

実際の研究の現場でこうした中間的な言語の働きに注目した研究は多々あるが、人々の注目が集まる大規模な研究、例えばヒトゲノム研究といったものの現場では、こうした未来の可能性が声高に語られ、それが研究者のみならず、企業、政府関係者その他を巻き込んでいく。アイスランドにおける、国を挙げたゲノム研究の顚末を分析した書のタイトルが『ゲノミクスを約束する』（Fortun 2008）となっているのも、こうした研究という行為が、実はある種の約束（空手形？）のような側面があり、それをこの本の著者は、オースティン流の発話行為論を援用しながら分析しているのである。

研究や技術開発における、こうした未来指向性の言説を分析した分野は、一般的に「期待の社会学」と呼ばれ、そのダイナミズムの研究は一連の重要な成果を挙げている。ここでいう期待という言葉は、いくつかの関連した意味をもつが、重要なのは、研究や技術開発は、これから起こることだが、それに対して前もって資金等を投入する必要があり、そのためには、こういう研究開発をすると、こんないいことがあるという売り込みを、関係者にしておく必要があるという点である。この売り込みのターゲットは周辺の研究者のみならず、組織、政府、あるいはメディアといった様々な集団が含まれる。この売り込みの言説が期待なのである。研究開発が未来に開かれた行為である以上、この期待にまつわる環境は、研究開発のいわば「原風景」のようなものであり、それがないと研究開発は成り立たない。他方、期待の実質はきわめて多様な形態をとり、その関係する範囲も多様である。その一方では一見中立的な未来予測に近いような図式が用いられたりする。例えば技術予測や、さらにはムーアの「法則」のようなグラフが、近未来の動向を「科学的」に示す（van Lente 1993）。他方では想像力が爆発し、ＳＦさながらの未来像が描かれる。最近ではナノテクの脅威的な破壊力を描いたドレクスラー（一九九二）の『創造する機械——ナノテクノロジー』（ナノレベルのマシーン、ナノボットが暴れまくる）とかＡＩが人間を超える、超えないといった、シンギュラリティ論（カーツワイル 二〇一六）など、枚挙に暇がない。

こうした期待の動態に関する詳細な経験的な研究の蓄積は、この期待の上がり下がりには様々な効用と副作用が同時に存在し、またその制御の困難も指摘されている。例えば、大規模な研究に必要な資金は、それに対する期待がないと集まらないので、期待を高めることにはそれなりの必然性がある。他方、期待はしばしば加熱し、多くの分野を巻き込んだ熱狂にまで発展する可能性もある。多くの科学技術に関するこうした熱狂とその反動としての失望事例は枚挙に暇がないが、ゲノム治療、ナノハイプ、そして近年のＡＩやＩｏＴ等もこうした熱狂のサイクルの過去、あるいは現在進行形の実例であるといえる。筆者が研究した一連の事例もこうしたサイクルの光と陰を示しているが（福島 二〇一七）、その副作用は、期待が実現できないことによる反動としての失望である。別の例でいえば、近年のｉＰＳ細胞やそれに関連した応用可能性についても、メディアの加熱ぶりに対して、研究者自身は比較的抑制された態度をとっているのを見ても分かるように、こうした期待への反動を警戒しているからである。

一部ではこうした熱狂をハイプ（ベルーベ 二〇〇九）と呼び、その上がり下がりをハイプ・サイクルという図式にしているケースもあるが（cf. Borup et al. 2006）、こうした図式は現実の複雑なプロセスの単純化であり、実際の過程とはあまりそぐわない場合も少なくない。さらに重要な点は、誰がこうした期待を担うかである。科学社会学でいう「確実性の窪み」（certainty trough）という議論は、こうした未来に対する確信が、研究者、それに近接した集団（例えば政策担当者やマスメディア）、そして社会一般という異なるカテゴリーの間で、その度合いに差が出るという現象を示している。つまり現実に研究開発をしている研究者は、その過程の困難さを身に沁みているから、その将来には慎重であるし、また一般大衆も逆にそれについて情報が不足しているので、その期待には限界があるが、その中間にある政策関係者やメディアといった中間的な存在が最も過熱しやすいというのである（Mackenzie 1990）。この認識が重要なのは、期待や熱狂は基盤とする集団によってかなり異なる様相を呈するという点なのである。

オランダの研究者たちは、こうした期待が、研究者のレベルから政策として取り入れられるまでどう変化するか、その過程の分析に多くの労力を費やしているが（Borup et al. 2006）、この点で重要なのは、こうした期待自体のダイナミズムだけでなく、それを上げたり、下げたりする動因／制約要因である。確実性の窪み論が示すように、これを押し上げるのは、メディア、産業界、そして政府の政策といった集団の働きである。他方、それに対する最大の制約要因は、その研究開発そのものの進展状況であり、いわば成果である。いくら壮大な夢を語ったところで、それが実現しなければ、夢は段々と醒めていく。そしてこうした未来の語りがくすんでいくと、一種の不景気が業界全体を覆うことになるのである。期待は基本的に言説の形をもって現れ、それゆえ前述したアイスランドのゲノム研究等も、「約束」という発話行為を中心にその問題が分析されているが、期待は情動のサイクルとも密接にかかわる。

モデルの生態学

期待は未来への言説の形式の一つであり、それは中立的な記述を装いつつ、現実には自らが欲する行為を示すという意味で、願望の現れでもある。しかし多くの予測の言語は、自らの行為（研究開発）についてではなく、社会、あるいは自然界に関するものである。さらにそれらはしばしば科学的なモデルにもとづいて計算され、あるいは過去の動向の延長として未来に投企される。ではこれらについてどうであろうか。

前述したように、科学社会論の成果を援用して、一連の学者が経済モデルに注目したのは、それが社会的文脈の中で、社会の一部である経済について語るものだからである。実際、こうした研究の動向を創設したカロンの意図は、合理的経済人とされる存在は実際はどこに存在するのか、という問いに答えることであり、それに対する彼の暫定的な答えは、様々な形態をとる経済モデルに、というものであった。例えば経済予測や、証券市場での自動化された取引のアルゴリズムの中に、そうした合理的経済人は存在する、というわけである。

この話そのものは、社会科学系の議論に既にその先例がある。例えば、マートンの有名な、自己実現的予言、つまり特定の予言が行なわれると、それに人々が反応することで、結果的にその予言が実現するという事態がそれにあたる（Merton 1948）。前述した期待も、ある意味未来について言及することが、研究を促進し、結果的に話がその方向に進んでいくということを示している。経済や社会の動向についての一般的な予測は、それが現状を反映していると同時に、それに反応して人々が自らの行動を調整する形で、その方向に収斂していく。前述したムーアの「法則」もそのように理解できるのである。

だがこれが自然現象についての予測の場合、どうであろうか。この問題をより詳細に考えるためには、それぞれの分野が扱う自然現象の特質と、社会とのあり方そのものにメスをいれる必要がある。その意味で、近年最も社会的な注目を浴びている現象が、地球温暖化についての一連の予測である。この分野では多くのことが議論されているが、いうまでもなく、ここで議論されている「自然」現象は、人間社会の活動の影響をうけて温暖化したというのが関心の中心である。気温上昇についての長期予測は、それによって人々の関心を引きつけ、政策に反映させることで、逆にその実現が回避されるような目的をもった発話の一例であるといえる。他方、その政策的なインパクトが大きいため、そうした予測がどういう科学的根拠にもとづくのかという点について、他の予測に比べても常に精査、批判の対象になる。その詳細についてここでふれる余裕はないが、少なくとも研究者側からいえば、その説得力の一つのルーツは、様々に異なる条件を考慮にいれた複数のモデルをつくり、予測に幅をもたせているという点であろう。こうした長期予測が当然もつ不確実性に対して、それを緩和するための工夫を研究者側がしているといえる。

しかし前述した確実性の窪みではないが、こうした幅をもった予測（その内部に不確実性を内包した）発話行為が、社会のどのセクターにどういう影響をあたえ、それが巡りめぐってどういう結果をもたらすかという過程は複雑でいまだ分からないことも多い。アメリカのように、温暖化についての見解が政治化し、政界、産業界、さらには研究者の一部も巻き込んで二極化するというような事態も生じている（例えば、オレスケス・コンウェイ　二〇一二）。さらに気象の短期的予測（天気予報）と平均気温の長期予測の違い等、素人にはその違いが分かりにくいといった問題は枚挙に暇がない。

さらにそれが地震予測のような、地球温暖化問題とはまた異なる対象についての予測となると、その焦点はかなり異なってくる。地震もまた、その被害が社会的に大きな影響を与えるため、社会や政治での関心も高いが、そこでの予測問題は、地球温暖化とはまた明らかに異なる様相を呈している。比較して分かることは、地球温暖化の予測が、気候変動の長期トレンドにおける変動に対して、われわれがどう対応するか、地震の場合は、それがいつどこで発生し、それに対してどう適切に対応するかという防災的側面が中心になるという点である。

未来、モデル、リテラシー

こうした予測は、特定のモデルによるシミュレーションにもとづくが、当然、予測と実際の間には乖離が存在する。その失敗をベースにして、モデルの修正という形でのフィードバックが行なわれるのが望ましい。実際ある高名なシミュレーション研究者と雑談した際に彼が言ったのは、彼の考える最も望ましいシミュレーションとは、カーナビであるという。カーナビもシミュレーションの一つであり、到着までの予想時間は何分といった形で具体的な予測が示される。しかしそれは当然、初期設定（例えば平均時速が五〇キロメートルなのか三〇キロメートルなのか）といった設定や、渋滞等の現況にも大きく左右される。またその結果は特定のナビの進路決定のある種のくせ（どう最短距離を指定するか）等にも関係する。実際、ナビを繰り返し使用しているうちに、初期の設定が現実にあわない（例えば時速五〇キロメートルは無理）とか、そのナビの個性が分かってくる。結果的に、その予測がどの程度信頼できるか、経験的理解が進むわけである。他の分野の予測モデルで、失敗によるこうしたフィードバックがどれほど可能なのかは、分野によって大きく異なる。短期の気象予測は、その結果がすぐに出ると同時に、観測が二四時間連続して行なわれているため、フィードバックの機会は膨大にある。他方、地震の場合は、そうしたフィードバックの頻度は明らかに限られており、気象予測とは比べ物にならないという点がある。こうした修正可能性の度合いとその頻度もまた、こうした予測という活動の生態学を考える上で重要なテーマとなる。

これが社会政策といった分野になると、話はさらに複雑になる。政策の成果が出るには時間がかかるだけでなく、その成果と、それをもたらしたとされる政策の関係が複雑だからである。近年この領域は、エビデンスの大合唱であるが、当然エビデンスというのも特定の様式に従ったデータ収集にもとづいており、データの質、バイアスの修正といった様々な加工を経て、エビデンスと呼ばれるようになる。それゆえ、こうした加工の事実を知る専門家は、こうしたエビデンスの限界に敏感であるが、むしろその周辺部の連中が熱狂し、その効用をまくし立てる傾向がある。これもまた、前述した「確実性の窪み」の一例、つまりその中心部よりも、その直近の周辺が逆に熱狂するという事例の一つであろう。

この議論が興味深いのは、それがモデルにせよエビデンスにせよ、その効用と限界についてのリテラシーが関係者の位置によって異なり、一種の熱狂がむしろ準周辺とでもいうべき部分から発生しやすいという観察である。実際、前述したシミュレーションの専門家がいうカーナビの利点というのは、その技術の固有の特性に精通していなくとも、その予測の失敗（到着時間の読みの違いとか）が素人にもすぐ分かるからであろう。多くの予測モデルはそうはいかないから、誰がそれを喧伝するかで、そのイメージが変わってくる。他方、そうしたモデルを熱狂的に語ること自体が一種の発話行為として様々な遂行的な効果、さらにはハイプをもたらし、それが結果として特に社会的側面でその予測の実現に近づくとしたら、そうした唱導者は、事情をよく分かって熱弁を振るっているという、マキアヴェリズム的側面もある、ということになろう。

結　論――未来へのリテラシー

過去においても未来においても、われわれはある種の微妙な中間状態の中にある。過去において、それは既に起こったことの痕跡と、それへの想像の複合体であるし、未来はさらに予測モデルやデータからの類推によって構成される予測と、われわれの夢、熱情、不安、が交錯した不透明な構成物である。こうした中で、未来を植民地化する、といった物騒な言い方がなにがしかのリアリティをもつのは、そこに科学的予測なるものの圧力が増大しているとわれわれが実際に感じているからである。これは災害とかに関しては利点もあるが、他方われわれがそれに縛られすぎると、それが植民地化の端緒となる。知識の増大が否定できない趨勢である以上、われわれのするべきことは、ある種のリテラシーの向上によってそれに対処することしかないだろう。所詮、予測は予測、現実そのものではない。しかし予測を語ることは、その語るという行為によって、その現実の一部を構成する力が発生するという恐ろしさも同時に理解する必要がある。

参考文献

岩井克人　一九九三：『貨幣論』筑摩書房。

オレスケス、N・コンウェイ、E　二〇一一：『世界を騙しつづける科学者たち』上・下、福岡洋一訳、楽工社。

オースティン、J・L　一九七八：『言語と行為』坂本百大訳、大修館書店。

カストリアディス、C　一九九四：『想念が社会を創る――社会的想念と制度』江口幹訳、法政大学出版局。

カーツワイル、R　二〇一六：『シンギュラリティは近い――人類が生命を超越するとき』井上健監訳、NHK出版。

ギアツ、C　一九九〇：『ヌガラ――19世紀バリの劇場国家』小泉潤二訳、みすず書房。

グライス、P　一九九八：『論理と会話』清塚邦彦訳、勁草書房。

玄侑宗久　二〇〇八：『無功徳』海竜社。

サルトル、J-P　一九六二：『弁証法的理性批判――実践的総体の理論』サルトル全集26、竹内芳郎・矢内原伊作訳、人文書院。

サール、J　一九八六：『言語行為――言語哲学への試論』坂本百大・土屋俊訳、勁草書房。

スペルベル、D・ウイルソン、D　一九九三：『関連性理論――伝達と認知』（内田聖二ほか訳）研究社。

ズデンドルフ、T　二〇一四：『現実を生きるサル　空想を語るヒト――人間と動物をへだてる、たった2つの違い』

寺町朋子訳、白揚社。
デュルケーム、Ｅ　一九七一：『社会分業論』現代社会学体系〈２〉、田原音和訳、青木書店。
デリダ、Ｊ　二〇〇三：『有限責任会社』高橋哲哉ほか訳、法政大学出版局。
ドレクスラー、Ｅ　一九九二：『創造する機械――ナノテクノロジー』相沢益男訳、パーソナルメディア。
永積昭　一九七七：『アジアの多島海』世界の歴史〈13〉、講談社。
福島真人　二〇一七：『真理の工場――科学技術の社会的研究』東京大学出版会。
ブノワ＝ペータース、Ｂ　二〇一四：『デリダ伝』原宏之・大森晋輔訳、白水社。
ブロック、Ｍ　一九九五：『封建社会』堀米庸三監訳、岩波書店。
ベルーベ、Ｄ　二〇〇九：『ナノ・ハイプ狂騒――アメリカのナノテク戦略』上・下、五島綾子監訳、みすず書房。
吉本隆明　一九六八：『共同幻想論』河出書房新社。
レヴィ＝ストロース、Ｃ　一九七六：『野生の思考』大橋保夫訳、みすず書房。
Adams, V., Murphy, M., and Clarke, A. E. 2009: "Anticipation: Technoscience, Life, Affect, Temporality," *Subjectivity*, 28(1), 246–65.
Borup, M., Brown, N., Konrad, K., and van Lente, H. 2006: "The Sociology of Expectations in Science and Technology," *Technology Analysis & Strategic Management*, 18(3/4), 285–98.
Callon, M. (ed.) 1998: *The Laws of the Markets*. Blackwell.
Fleck, L. 1979: *Genesis and Development of a Scientific Fact*. University of Chicago Press.
Fortun, M. 2008: *Promising Genomics: Iceland and deCODE Genetics in a World of Speculation*. University of California Press.
Geertz, C. 1968: Islam Oserved: *Religious Development in Morocco and Indonesia*. Yale University Press.
Giddens, A. 1991: *Modernity and Self-Identity: Self and Society in the Late Modern Age*. Polity.
Latour, B. 1987: *Science in Action: How to Follow Scientists and Engineers through Society*. Harvard University Press.

Latour, B. 2013: *An Inquiry into Modes of Existence: an Anthropology of the Moderns*. Harvard University Press.

MacKenzie, A. 2013: "Programming Subjects in the Regime of Anticipation: Software Studies and Subjectivity, " *Subjectivity*, 6(4), 391–405.

MacKenzie, D. 1990: *Inventing Accuracy: A Historical Sociology of Nuclear Missile Guidance*. MIT Press.

MacKenzie, D. 2006: *An Engine, Not a Camera: How Financial Models Shape Markets*. MIT Press.

Merton, R. 1948: "The Self Fulfilling Prophecy," *Antioch Review*, 8(2), 193–210.

Roberts, D. 2005: "The Stakes of Misreading: Hayden White, Carlo Ginzburg, and the Crocean Legacy," *Storiografia*, 9, 61–86.

Van Lente, H. 1993: *Promising Technology: Dynamics of Expectations in Technological Developments*. Twente University.

Varian, H. 2014: "New Data Sources: A Conversation with Google's Hal Varian," *Federal Reserve Bank of Atlanta*. http://macroblog.typepad.com/macroblog/2014/04/new-data-sources-a-conversation-with-googles-hal-varian.html（二〇一七年八月一〇日閲覧）

Wylie, C. 2015: "'The Artist's Piece is Already in the Stone': Constructing Creativity in Paleontology," *Social Studies of Science*, 45(1), 31–55.

I　未来を語る——期待の社会学

第2章　未来の語りが導くイノベーション
——先端バイオテクノロジーへの期待

山口富子

1　未来への期待

世界の食料需要が拡大する中、将来にわたって安定的に食料を供給するための方法は、その研究に携わる者だけではなく、生産者、食品加工会社、流通業者、そして消費者に至るまで多種多様な主体が関心を持つ問題である。このように、社会的な関心が高く、多様な主体が利害関係者となるような問題の場合、意思決定の場に多様な世界観が持ち込まれ、将来どうあるべきかという未来社会の像を共有することに困難がともなう。その混沌とした未来社会の像に対し一定の方向性を与えるのが、「期待」である。人工衛星による水田の観察を通し米の生育や食味を判断する仕組み、作物の収穫量の改良から風味や色合い・栄養素を改変するための遺伝子操作、植物工場の設置、栽培工程のデータ化で進める生産の効率化と栽培技術継承の構想、さらには細胞培養により動物性食品の製造を可能にする技術に至るまで（英『エコノミスト』編集部 二〇一七：日本農業新聞 二〇一八：山口・窪田 二〇一七）、安定的に食料を供給するための方法として様々な構想が提案されている。これらのイノベーションを支持するか否かは別にして、食料の安定的な供給という問題は、万人が関心を持つ問題であることに間違いない。この様な問題の議論の場には、多様な世界観が持ち込まれるのであるが、期待は、無数にある情報の取捨選択を可能にするフィルターのような役割を果たし、複雑で無秩序な未来社会の像に意味の構造を与える。

そこで本章は、ここ数年国内外で議論が高まるゲノム編集技術を事例とし、その研究開発に直接的あるいは間接的に関与する主体（以下、アクターと呼ぶ）による科学に対する期待（もしくは予測）が社会に変化をもたらす過程について、ゲノム編集技術をめぐる言説に着目し紐解く。ここでは、イノベーションを社会学の立場から検討する期待の社会学を参照しつつ（Brown and Michael 2003 ほか）、研究開発に携わる人びとの期待と行政機構や民間企業の期待の連動、そしてその結果として生まれるゲノム編集技術の社会的意味を明らかにする。そのため、行政機構やそれらが設置した専門家委員会が公表した文書に現れる「期待」を対象に考察を進める。

2　イノベーションへの期待

「期待」という概念を機軸にイノベーションと社会の問題を研究テーマとする「期待の社会学」は、日本ではこれまであまり紹介されることがなかったが、欧州やイギリスの研究者を中心に多くの研究蓄積が存在する。そこで本節では、それらの研究が示唆する主要な概念を概観する。

「期待の社会学」は、異なる技術間の関係性や技術要素間の関係性の分析を主眼とする、いわゆるイノベーション研究とは異なり（Godin 2006）、「期待」がイノベーションを取り巻く社会構造をつくり、イノベーションの発展の経路やデザインに影響を与えるという考え方に立つ。前者が、技術に限定したアプローチだとすれば、後者は、社会の中の技術というアプローチと特徴づけられる。「期待の社会学」における「期待」とは、イノベーションに対し、個人あるいは集団がそうなってほしいと願いそれに対する意思表明をすること、と定義できる。ここでの「期待」とは、イノベーションの科学技術的な観点に対する期待のみならず、イノベーションを取り巻く制度やイノベーションの社会でのあり方といった社会的諸側面に対する期待をも含み、多義性がある。そのため、アクターの価値観や規範あるいは世界観に影響されつつ、技術に何を期待するのかが異なり、意見の差異が生まれる。イノベーションに対する意見が対立する際には、それに賛同するあるいは反対するというそれぞれの立場から、自身の意見に対し、他者からの賛同や共感を得るための「語り」や「行為」が行われる。このような主体間のダイナミズムを、ミシェル・カロンは（Callon 1984）、取り込み（enrollment）という概念で説明する。このように、イノベーションが社会に定着するまでの過程において、期待が他者や社会構造に働きかける力を持つ。

興味深いのは、このアプローチでは、フォーサイト、ロードマップ、工程表など、一見、事実だけが積み上げられ、客観性を持つと理解される政策ツールも「誰かによる語り」の一形態であると捉え、それらにより変化する社会の動きも研究の対象とするという点である（Borup et al. 2006）。例えば、国や自治体により公表された工程表には、しばしば「農業の持続的な発展」「農林水産業の成長産業化」「スマート農業モデルの実現」「農林水産物の高付加価値化」といった言葉が記されているが、期待の社会学的な視点からこの言葉を眺めれば、これらは、政府や自治体による期待の表明であり、これらのメッセージが社会に向けて発信されると、(誰かによって) 表明された期待が他者を取り込み、社会に変化がもたらされる。他方、メッセージの受け手はそれぞれの文脈においてその意味を理解するため、常に複層の意味世界が存在する。例えば、「農業の持続的発展」という将来ビジョンを実現するための道のりは、一つに限られるわけではなく、食料自給率を上げるためにイノベーションを活用するという方法で達成しようとする人と、循環型の農業を広めていくという方策が良いとする人が存在するという具合である。

このアプローチでは、「誰かによる期待」とイノベーションの発展が別々に存在するのではなく、「誰かによる期待」はイノベーションと渾然一体となりその発展を遂げると考える。政策文書やマスメディアの報道などを通してよく見聞きする「×××の研究開発に大きな期待が寄せられている。」という語りは、(社会的な文脈から切り離された形で理解される) イノベーションに対して、社会が期待を寄せていると理解されることが多いが、このアプローチでは、誰かによる「〇〇〇に期待が寄せられている。」という語りが、「×××という研究開発」を促し、社会に実態のある変化をもたらすという前提でこの現象を捉える。もうすでに社会に広く普及したイノベーションの場合、「誰かによる期待」がイノベーションの展開に影響を及ぼすのか否かは、個別にその事例を紐解く必要があるが、これから実用化が見込まれる科学技術の場合、それらに関与する人びとの考え方が、「〇〇〇を期待する。」という語りとともに、イノベーションの展開を促進したり、抑制したりするということは十分に考えられる。科学技術社会論では、これから実用化が見込まれる科学技術を「萌芽期にある科学技術」(emerging science and technology) と呼ぶが、これは科学技術が研究開発の途上であるということを示唆するだけではなく、規制の枠組みが検討中であるということ、市場環境が読めないということ、また、世論が焦点化されていないということなど、制度、経済、社会など、科学技術と社会の関係性を決める諸文脈がきわめて流動的であるということを示唆する（山口・日比野 二〇〇九）。このように科学技術のみならず、それらが埋め込まれる社会的な文脈が高い流動性を持つ場合、期待がイノベーションの展開に大きな影響を及ぼすと考えても何ら不思議はない。むしろ、科学技術が社会に埋め込まれ、安定するまでの過程を理解するためには、期待がイノベーションを構築するという問題設定の方が適切なのである。

期待の社会学では、イノベーションが社会のダイナミズムに巻き込まれる過程を理解するために、期待には行為遂行性（performative）があるという前提で現象を捉える。先述のミシェル・カロンによる取り込みという概念がそうであるように、行為遂行性とは、期待が、他者や他の社会事象に一定の作用をもたらす力を持つという考え方である。例えば、イノベーションのプレス発表で「あと○○ぐらいで××ができることが見込まれる」という希望的観測が語られた場合、その語りはただ単に現実を描写するものではなく、社会に何等かの働きかけをすると考える。ビジョン、展望、見通しといった政策用語が指し示す事柄は、研究課題の達成目標やその進め方、研究費が採択される研究課題の優先順位、研究成果による社会的な波及効果など、アクター・ネットワーク論的に表現すれば、より具体的な内容に「翻訳」され、何等かの行為に結びつく。さらに、事務局により選ばれた評価委員によって研究課題が取捨選択され、それらが課題の予算配分や研究開発拠点の設置、人材の配置といったリソースの問題に翻訳される。iPSの細胞研究への期待は、その端的な例である。「基礎研究よりも応用的な研究を」、「早期の実用化を」（山中 二〇一七、一三頁）という国の政策的な期待（記事では「実用化プレッシャー」と表現）に対し、iPSの細胞研究について次のようなコメントがなされた。

基礎研究は応用研究のまさに基礎ですから、そこがしっかりしていないといけません。（……）長期的視野で考えれば、そこにいかに力を入れるかが、この研究所の存続にとっても非常に重要なことだと思っています。とはいえ、現在の競争的資金中心のやり方では、応用というか、結果わかりやすく、国民にも説明しやすい研究のほうに傾いてしまいますから、私はそこでも寄付で集めたお金が効いてくるのではないかと思っています（……）。（山中 二〇一七、一四頁）

国の科学政策に記される期待は公的な研究資金配分の根拠となり、それが組織や研究室のあり方また研究の中味にも影響を及ぼすという状況をこのコメントから垣間見ることができる。

期待の行為遂行性は、科学技術政策の議論でも観られる。政策文書やプレスリリース、またマスコミ報道を通し、国の期待が語られ、それらが規制の導入や新たな研究グループの設置、産学連携体制の構築、データの集積などを促す。実際、社会からの期待があると判断されたイノベーションは、時にそれが国家戦略に反映され、研究開発推進のための拠点づくりや産官学のネットワーク形成がおこなわれる。先に触れた、iPSの細胞研究の場合、ヒトiPS細胞の作製の成功後、国は「万能細胞」への社会的期待があると判断した。その後、研究開発の推進体制が非常に速いペースで整えられた（菱山 二〇一〇）。この事例から国による期待が、iPS細胞研究の推進を後押ししたというプロセスを垣間見ることができる。このようなアプローチでイノベーションを捉えるならば、起業することも、事業に投資することも、国が特定の研究開発を推進することも、期待との相互作用を無視し得ない。ここに、イノベーションの社会分析のための研究の入口が存在するともいえる。

こうした問題意識を明らかにするために、期待の社会学では、期待がイノベーションに作用するメカニズムとして、いくつかの概念装置を提案する。後にこれらの概念を使い、事例分析を行うため、ここで、（1）期待の正当化機能（2）期待のヒューリスティックス／期待の調整機能、という二つの概念を確認しておこう（Borup et al. 2006 ほか）。

（1）期待の正当化機能とは、期待がその後に作られる組織や体制、また新たな投資や予算配分を正当化するための語りとして使われるということを指し示す。「社会的な期待があると判断された研究テーマであるから、×××の予算を配分する」という語りは、まさに期待の正当化機能を示す典型事例の一つである。（2）期待のヒューリスティックスとは、複数存在するイノベーションの経路に期待が一定の方向性を与えるという作用を持つということを指し示す。将来ビジョンを実現するために、複数存在する経路の中からどれを選ぶのか、社会調査や市場調査によるデータを使い、経路を決めるという予測的な進め方が存在する一方で、その業界やコミュニティで共有されている相場感がイノベーションの経路の取捨選択に影響を及ぼすとも考えられる。言い換えれば、ヒューリスティックスとは、他の人の期待が自らの判断の参照点になるということである。期待の調整機能とは、イノベーションの展開について明確な方針が定まらない、あるいは見通しが立てにくい場合、期待が関係者の行為を調整しつつ、イノベーションのあり方を規定するという考え方である。「周りがそうしているから」というロジックでイノベーションを推進する、あるいは抑制すること、と言い換えても良いかもしれない。企業が新たな投資をする際、他社が市況をどう読んでいるかが投資判断の材料になることがあるが（Froot et al. 1992）、他事業者の「期待」を意識しつつ自社の方針を決めるという調整行為は、どのような業界にも見られる現象であろう。

これまで述べてきたように、期待は、なぜそのイノベーションが必要なのかという語りに根拠を与え、イノベーションに関わる人びとの相互作用の中でイノベーションの社会的意味を調整し、イノベーションを特定の方向に導く。この前提を踏まえれば、期待とイノベーションの経路は、別々に存在するのではなく、相互に影響を及ぼすものである。このように、イノベーションをそれを取り巻く人びととの関わりと関連づけることにより、萌芽期にあるイノベーションが社会にどのように定着していくのかについて、新しい視点から捉えることができる。次節では、これらの概念装置を使い、ゲノム編集技術を題材とし、「期待」がイノベーションの経路にどのように作用するのかについて考察を進める。

3　ゲノム編集技術への期待の高まり

科学者コミュニティによる期待

『特集——未来の食卓が変わる！　有用植物のゲノム編集』（アグリバイオ　二〇一七）、「次世代ＤＮＡシーケンサーの登場による生物ゲノム情報解析の高速・低コスト化と、二〇一三年に登場した第三世代のゲノム編集技術であるCRISPR/Cas9の爆発的な普及により、生命科学研究は大変革を迎えつつある。」（日経バイオテク　二〇一七、三五六頁）など、バイオテクノロジーが農林水産・食料分野、工業分野、エネルギー・環境分野、食によるヘルスケアなどの産業に大変革をもたらすという「期待」が、あちこちで語られる。[1] 中でも、生命科学系の研究者が注目するのは、CRISPR/Cas9の開発者であるジェニファー・A・ダウドナとエマニュエル・シャルパンティエによる、『サイエンス』誌のレビュー論文である（Doudna and Charpentier

2014)。論文には「実験の障害は、遺伝子操作が思い通りにできないことだったが、CRISPRによりその問題が解決された。CRISPRにより、あらゆる生物への応用が可能になり、生命の源の発見につながる道を見つけた。」と書かれている。そしてその後、一七〇〇件ほどの科学論文で引用されている。これらの論文は、CRISPR/Cas9の登場により、動物、植物、微生物などあらゆる種の特定遺伝子の塩基置換、欠失、挿入が可能になったことを一様に評価し、CRISPR/Cas9に対する強い期待感を滲ませる。このように、著名な科学者が権威ある雑誌の中で特定の科学技術への評価(期待)を表明することにより、その評価が正当なものであるという共通認識が生まれ、特定の科学技術に対する期待がさらに高まる。期待の連鎖が期待をさらに押し上げるのである。

CRISPR/Cas9に対する科学界の期待は、他の場面でもみられる。CRISPR/Cas9は、二〇一二年、二〇一三年に続き、二〇一五年に『サイエンス』誌のBreakthrough of the Yearに選ばれ、またその発明者がノーベル医学生理学賞を受賞するのではないかとも噂され、科学界の熱い期待が感じられる。(2) 国外の、このような動きに連鎖するような形で、日本では、二〇一六年に日本ゲノム編集学会が設立され、これまですでに二回の大会が開催されている。また、同じ年に、日本植物細胞分子生物学会、日本植物学会、日本育種学会、日本分子生物学会など、食と農に関連する自然科学系諸学会においてゲノム編集技術をテーマとするシンポジウムや講演会が相次いで実施され、日本の科学者コミュニティもゲノム編集技術に熱い視線を注いでいることが分かる。実際のところ、第三世代のゲノム編集技術として知られるCRISPR/Cas9は、第一世代のゲノム編集技術であるZFN(Zincfinger Nuclease)、第二世代のTALEN(Transcription Activator-Like Effector Nuclease)と比べ、その使いやすさから世界各地の生命科学系のラボで急速に広まりを見せている（科学技術振興機構 二〇一五）。

ゲノム編集技術は、研究用モデル細胞やモデル生物の作製から、疾病の治療や診断、農水畜産物の育種、有用物質の生産まで、様々な産業利用が可能である。また、医療から農業に及ぶ複数の技術との関連づけによる横展開や、ゲノム編集技術の活用がその他のイノベーションの進歩を促す、あるいはその他のイノベーションの進歩がゲノム編集技術のさらなる展開を促進するという相乗効果も想定され、その経済効果への期待も高まる（科学技術振興機構 二〇一五）。農と食の分野のゲノム編集技術は、微生物、動植物、昆虫などの遺伝資源の迅速な育種や改変、高い物質生産能力を有する生物を効率的に取得できる可能性を高める。また機能性成分に富んだ農作物の開発や栄養価の高い飼料用コメの開発、いまだ育種利用ができない様々な形質（病害虫抵抗性等）の新品種開発などができる可能性もあり（日経バイオテク 二〇一七、三五八頁）、国内外の種苗業界、アグリベンチャーらの関係者もゲノム編集技術の動向を注視していることは間違いない。今まさにゲノム編集技術ブームと呼べる社会現象が世界各国で巻き起こっているのである（山口 二〇一七）。

行政機構による期待

科学者コミュニティ内で高まる期待に連動するような形で、日本の行政機構もゲノム編集技術への期待をあらわにする。二〇一四年以後、ゲノム編集技術の産業化を後押しするような報告書が複数刊行されており、これらの文書から行政機構によるゲノム編集技術に対する期待を読み取ることができる。二〇一四年九月に、日本学術会議の農学委員会・食料科学委員会が『植物における新育種技術（NPBT: New Plant

Breeding Techniques）の現状と課題』[3]という「報告」を公表したことを契機とし、その後様々な公的機関によりゲノム編集技術に関連する報告書が公開されている。この「報告」では、ゲノム編集技術は、新育種技術と呼ばれる技術群、例えばアグロインフィルトレーションや接ぎ木といった多種多様な技術の一つとして、技術的特徴や開発状況などが簡単に紹介されているにすぎない。しかし、その後この「報告」のタイトルにも使われている「新育種技術（ＮＰＢＴ）」という名前が政策議論の場面で使われることがめっきり減り、代わりに「ゲノム編集技術」という言葉が使われるようになってから、行政機構内で新育種技術に対する期待が高まりはじめた。この技術を「新育種技術」ではなく「ゲノム編集技術」と呼ぶことにより、農業、食料問題を扱う研究者のみならず、医療、環境など農業以外の分野の研究者を期待のネットワークに巻き込み、ゲノム編集技術に関与する人の裾野が広がったのである。また、国立アカデミーにより刊行される文書が持つ権威も期待の高まりに貢献した。日本学術会議による「報告」とは、学術会議がその審議の結果を発表する文書であり、同会議の「勧告」や「要望」という分類の文書と比べ、政府への働きかけは明示的ではない。しかし、少なくとも研究者コミュニティや関連する行政機構に関与する人々の間では、日本学術会議のような国立アカデミーによる文書は、その後の公的資金による研究プロジェクトの選抜で重要な参照点となるという価値志向が共有されている。そのため、国立アカデミーによる文書の研究者コミュニティに対する影響力は計り知れない。したがって、この「報告」の中に「今後の変動する環境下での食料生産においてこの技術（ＮＰＢＴ）はきわめて重要な技術になると予想される」と書かれているということは、その後のゲノム編集技術の研究開発の動向に少なからず影響を及ぼした。

現に、日本学術会議の「報告」に呼応するかのように、二〇一四年には、総合科学技術・イノベーション会議の主導により、戦略的イノベーション創造プログラム（SIP）という国家プロジェクトが創成され、農林水産業・食料分野に関連するゲノム編集技術の研究開発が進められている[4]。また、先に述べたようにゲノム編集技術は様々な領域への応用が可能な実験ツールであるという技術的特徴を持っていることから、農林水産業・食料以外の分野の国家プロジェクトも数々実施されており、国によるゲノム編集技術への期待が、科学者コミュニティによるゲノム編集技術への期待に還流するという相互的な流れを見てとることができる（表2-1）。

期待の質的な変化

これまで述べてきたように、同じ目的に向かう多様なアクターがそれぞれの文脈で期待を表明し、わずか四、五年の間にゲノム編集技術に対する強い期待感が高まった。それとともに期待の内容が質的に変化を遂げる。

そこで、二〇一五年の半ばから後半にかけて国が公表した、二つの関連する文書を参照しながら、期待の内容の質的変化を見てみよう。一つは、二〇一五年六月に発表された、『科学技術イノベーション総合戦略2015』[5]（二〇一五年六月一九日閣議決定）、もう一つは、新たな育種技術研究会[6]による『ゲノム編集技術等の新たな育種技術（NPBT）を用いた農作物の開発・実用化に向けて』（二〇一五年九月）という文書である。国のイノベーション総合戦略には、「次世代育種システムの開発は、今後推進すべき研究開発の重点的取組事項の一つである」と記され、次世代育種システムの開発は、複数ある研究開発課題の一つとして列挙されているにすぎない。しかし、その三か月後に発表された新たな育種技術研究会による「報告書」で

表2-1　ゲノム編集技術関連研究プロジェクト

所管省庁	プロジェクト名	事業期間（年度）	2017年度公表予算規模	研究課題の概要
文部科学省／JST	戦略的創造研究推進事業：ライフサイエンスの革新を目指した構造生命科学と先端的基盤技術（CREST）	2012～2020	32億円	立体構造にもとづく次世代ゲノム編集ツールの創出
内閣府	SIP次世代農林水産創造技術	2014～2018	27億4000万円	ゲノム編集技術を用いた農水畜産分野での育種開発
文部科学省／AMED	革新的バイオ医薬品創出基盤技術開発事業	2014～2018	12億2500万円	新規CRISPR/Cas9システムセットの開発と医療応用
経済産業省／NEDO	植物等の生物を用いた高機能品生産技術の開発	2016～2020	21億円	ゲノム情報に関する大量データを駆使したゲノム編集技術を開発し、高機能品を効率的に生産する技術基盤の確立を目指す。
文部科学省／OPERA	産学共創プラットフォーム共同研究推進プログラム	2017～2021	11.5億円程度	基礎研究と応用研究を連続的に繋ぐゲノム編集開発プラットフォームの形成、ゲノム編集による革新的な有用細胞・生物作成技術の創出

出典＝プロジェクト・ウェブサイトから2018年3月の時点で得られた情報を基に作成。

は、NPBTに関する科学的な知見の整理、研究推進の方針、研究成果の社会実装に向けた取り組みなどが明記され、より具体的かつ踏み込んだ形で明示されている。また、この「報告書」には、関連する国内の研究開発の例が具体的に示されていることから、その後、誰が次世代育種システムの研究を担っていくのかについて、実施機関や実施体制も想定できるような内容となっている。二〇一六年以降も、ゲノム編集技術に関わる報告書や提言が様々な組織から公開されているが、その間、ゲノム編集技術に対する（科学技術研究としての）期待が、ゲノム編集技術を産業化するという（産業政策としての）期待へと変化を遂げている。

この変化を通して、ゲノム編集技術への期待は、行政的に実行可能なイノベーションという意味の構造の中に埋め込まれていくことになる。ここでいう行政的に実行可能な意味の構造とは、期待という抽象的かつ情緒的な概念が、より具体的、論理的な概念に「翻訳」され、それらが法令や行政的な手続きの枠組みに当てはまるような形式となることを指し示す。その過程を見てみよう。通常、国の科学技術戦略は、「ビジョン」「ビジョンの実現に向けた研究開発を促進するための環境整備」「各分野において重点的に取り組むべき研究開発課題」「産業化を促進するために検討が必要な課題」という四つの項目にわたって論点の整理が行われる。例えば、現在、国内で検討中の「バイオテクノロジーによるイノベーションを推進するための政府の戦略の策定について」（平成二九年一〇月一二日、以下「戦略案」と呼ぶ）という文書に、バイオテクノロジーは、農林水産業の革新、炭素循環型社会、健康増進・未病社会を形づくる一助となることが期待されるというビジョンが示されている。このビジョンを実現するための環境整備として、産学官連携、ベンチャーの支援、知的財産の管理のための取り組みがあげられ、各分野において重点的に取り組むべき研究開発課題として、基礎・基盤研究、健康・医療に関わる研究、農林水産・食料、ものづくり、エネルギー、環境に関わる研究分野が示されている。その上で、産業化を促進するために既存の規制・制度の見直しや新しいルールの制定、標準化、国民・社会の受容などの課題を検討すると書かれている(7)。さらにこの四つの項目を踏襲するような形で、農林水産省、経済産業省、厚生労働省、文部科学省などの関係省庁が個別に各分野における論点を詳述する資料を別途公表している。

このように、将来への期待という抽象的なイメージが、あたかもテンプレート上に情報を流し込むような形で論点が網羅的に整理され、より具体的、論理的な形式で表現されるようになり、行政機構の手続きという文脈に埋め込まれる。そういった意味で技術の産業化とは、未来の像に一定の形式が与えられるプロセスと捉えることができる。このようにイノベーションの実用化という国の産業政策を背景に、本来は複雑で不確実性に満ちた科学技術研究が法令や行政的な手続きの枠組みにあてはまるものになり、徐々に社会に実態のある変化がもたらされる。

これまでゲノム編集技術を取り巻く社会のダイナミズムを素描するために、科学者コミュニティによるゲノム編集技術への期待と行政機構による期待の連動、期待の内容や形式の変化を見てきた。このように、期待は様々なアクターによってそれぞれの文脈で語られ、また全く別の文脈で現れる語りと合流し、社会に実態のある変化をもたらす。イノベーションへの期待は多義的であるがために、異なる文脈に期待が埋め込まれる時に、イノベーションの意味が質的な変化を遂げることもある。「人が状況をリアルだと定義すれば、結果としてその状況はリアルとなる」という「トマスの公理」が示唆するように、期待の語りによって意味世界が構造化され社会に変化がもたらされるのである。

4　期待の高まりのメカニズム

では、社会に目に見える変化がもたらされるまでの過程において、期待はどのようなメカニズムで意味世界を構造化するのであろうか？　本節では、（1）「正当化機能」、（2）「ヒューリスティックス／調整機能」という概念を使いつつ、期待の高まりのメカニズムについて考察する。ここでは、ゲノム編集技術と渾然一体と語られるバイオテクノロジーへの期待に分析の対象を広げて考えてみたい。

松島と宮本（二〇〇三）によれば、バイオテクノロジー関連産業には、これまで二度のブームがあった。第一次のブームは、カリフォルニア大学のコーエンとボイヤーが遺伝子組換え技術を確立した一九七四年ごろであり、その後アメリカで数百のバイオベンチャーが誕生した。第二次のブームは、一九九〇年ごろからであり、ヒトゲノム解読後の特許獲得競争によって特徴づけられる時代である。今回は、先に述べたCRISPR/Cas9の発明を始め、複数のゲノム編集技術の技術革新が急速に進んだことがそのブームのきっかけである。また遺伝子改変ツールがより精緻化したこと、またそれらがデータサイエンスツールと融合し、ゲノム編集技術が汎用化したこともその誘因であった。本節では、そのブームを背景に、国内外の行政機構が緩やかにつながりながらゲノム編集技術の実用化に対する期待がさらに高まるメカニズムを見てみよう。

ゲノム編集技術の産業化への期待を理解する上で、経済協力開発機構（OECD: Organisation for Economic Co-operation and Development）の影響力を軽視できない。そこで、二〇〇九年に出された『The Bioeconomy to 2030』という文書を事例とし、期待のメカニズムを考察する。この報告書のタイトルに書かれているバイオエコノミーという概念は、バイオテクノロジーを国の経済活動の中心とし、バイオテクノロジーの研究開発や実用化の方針を立てる必要があるとする経済構想である。この中で、ＯＥＣＤは「架空のシナリオ」であると述べつつも、二〇三〇年の社会について、市場予測を示す。報告書によれば、二〇三〇年の世界のバイオ関連市場は、国内総生産（ＧＤＰ）の二・七パーセントに相当する約二〇〇兆円とされ、バイオ市場が拡大する見込みが示唆されている。また報告書の中で、バイオテクノロジーが、工業製品の三五パーセント、医薬品等の八〇パーセント、農業の五〇パーセントの生産に貢献するという予測も示されている。またこれまでバイオテクノロジーがあまり使われてこなかった工業品などの分野においても、バイオテクノロジーが使われる可能性を展望する。

期待の高まりのメカニズムという点からこの現象を捉えると、ＯＥＣＤのシナリオの中に示された市場予測が、バイオエコノミーへの期待が正当なものであるという根拠を与え、期待感をあおったとも解釈できる。ある前提に基づく試算にすぎない予測がその前提条件が考慮されずに他の文脈への埋め込みが可能であるもののように扱われることには弊害が伴う。インデックスや標準化を批判的に考察する研究がそれらを指摘する（Fisher et al. 2012）。ＯＥＣＤの報告書の中で示された市場予測についても弊害があるということは十分に考えうる。

ＯＥＣＤの市場予測は、国内の様々な場面で活用されている。例えば、経済産業省の施策を紹介する『経済産業ジャーナル』（二〇一六年一二月号）という冊子の冒頭、経済産業省（ＮＥＤＯ）のプロジェクトである「植物等の生物を用いた高機能品生産技術の開発事業」のプロジェクトリーダーがインタビューに答え、先に触れたＯＥＣＤの市場予測について触れつつ、バイオテクノロジーは現代社会が直面する課題への解決策の大きな基盤となることを期待すると、プロジェクトのビジョンを語る。特許庁によるゲノム編集技術に関する『特許出願技術動向調査報告書』の中にも、ゲノム編集関連技術は、各種バイオテクノロジー産業における、研究開発の基盤となる技術であると書かれており、OECDが示すGDP二・七パーセント、二〇〇兆円の試算を根拠とし、バイオテクノロジーの潜在的な市場の大きさについて言及する（特許庁 二〇一七）。

日本バイオ産業人会議(8)によるバイオテクノロジーに関する産業界としてのビジョンの中でも、バイオテクノロジーによる市場の拡大や新たな雇用の創出が想定されると書かれている（日本バイオ産業人会議 二〇一六）。ここではOECDの試算とは異なる市場予測が示されているが、日本再興戦略戦略市場創造プラン（二〇一三年）、World Economic Outlook Databases（IMF 2015）、経済産業省産業構造審議会バイオ小委員会資料（二〇一五年三月）、「新三本の矢」（安倍内閣、二〇一五年）、「豊かで活力のある日本」（日本経済団体連合会、二〇一五年）に加え、OECD報告書がその根拠であると書かれている。このようにOECDの市場予測は、バイオテクノロジーの推進に大きな役割を担っているのである。

他方、バイオテクノロジーの市場予測とは異なりゲノム編集技術に関する市場拡大予測は、これまでのところ民間機関の予測が中心であり、データの形式も一様ではない。またゲノム編集技術の市場規模について参照点（ヒューリスティックス）となる公的機関の文書が存在せず、関係者の間で市場規模についての共通認識が十分には形成されていない（図2-1）。そのため、期待の高まりが抑制されているという可能性もある。この解釈のどちらが妥当であるのかは今後の動向を待つしかないところである。

報告書のその内容もさることながら、バイオテクノロジーの産業化という構想の旗振り役であるOECDが発表した政策文書は、OECD加盟各国のバイオテクノロジー政策の動向に影響を及ぼした。当然のことながら、加盟各国は、OECDの文書を正当なものであるという価値志向を共有し、報告書はその後の

† BCC Research（2014年6月）
世界市場は2012年に約21億ドル、2013年に27億ドルへの成長。2013年から2018年までの年平均成長率（CAGR）は34.4％、2018年の市場規模は118億ドルと予想。

† Allied Market Research（2014年5月）
世界市場は2013年に約30億ドル、2020年387億ドルへの成長。2013年から2018年まで年平均成長率（CAGR）は44.2％と予想。

† Transparency Market Research（2012年8月）
世界市場は2011年に約15億ドル、2018年に167億ドルへの成長。2013年から2018年までの年平均成長率（CAGR）は41.1％と予想。

図2-1　ゲノム編集技術の市場予測（佐伯 2015）

加盟国の政策の根拠となっている。現に、OECDによる文書の公表後、米国は、National Bioeconomy Blueprint（2012）、Federal Activities Report on the Bioeconomy（2016）、欧州は、Innovation for Sustainable Growth: A Bioeconomy for Europe（2012）、イギリスは、Building a High Value Bioeconomy（2015）、Biodesign for the Bioeconomy（2016）といったバイオテクノロジーを基盤とする経済構想を相次いで発表している。日本政府は、これまでのところこれらの政策に匹敵するような産業政策は示していないが、先述の「戦略案」から、日本においてもバイオエコノミーを意識した施策が検討されつつあることがわかる。この「戦略案」には、日本は早急にバイオテクノロジーの産業化政策を進めるべきであると書かれ、その根拠として、欧米のバイオエコノミー政策やゲノム編集技術の産業利用に向けての施策が先行していること、そして欧米のこのような動きが日本の経済にとって脅威となりうることなどがあげられている。つまり、ゲノム編集技術の産業化の国外の動向が、日本の施策を決める上での参照点であり、それらが日本のバイオ戦略を一定の方向に導くのである。バイオエコノミーという概念と関連づけながら、ゲノム編集技術を実用化していくことが重要であると述べる行政官の論考も存在し（佐伯 二〇一五）、バイオエコノミー構想、またそこでの期待の調整は、ゲノム編集技術の産業化構想をも左右することであろう。

結　論――誰による期待か／誰による予測か

本章では、アクターによるゲノム編集技術への期待、異なる文脈で語られた期待の連動、またイノベーションの期待の高まりのメカニズムについて、行政機構やそれらが設置した専門家委員会による文書を中心として考察を試みてきた。CRISPR/Cas9の発見をきっかけとして、科学者コミュニティやゲノム編集技術の研究開発に直接的あるいは間接的に関与するアクターを中心に、国内外でゲノム編集技術への期待が高まった。その機運が、日本では国家プロジェクトの創設と実施をもたらした。その過程で科学的探究としてのゲノム編集技術への期待が、産業化への期待に変化をした。産業化のためのイノベーションという意味に変貌を遂げたゲノム編集技術は、国家戦略の中で、産学官連携、ベンチャーの支援、知的財産の管理のための取り組み、産業化を実現するための規制、制度の見直しや新しいルールの制定といった政策論点に「翻訳」されつつある。このようにしてゲノム編集技術が社会に埋め込まれるのである。

これまで述べてきたように、われわれの身の回りの社会現象は、そこに関わるアクターの意味づけによって構造化されている。人びとの期待は、不確かな未来の意味の先取りを可能にし、そこから進むべき方向性を指し示す。集合的にイメージされる将来のあるべき姿は、そこに関与する主体により繰り返し語られ、そのイメージに至るまでの道のりが共有されるようになる。起点となる文書は、その後につくられる文書の参照点となり、利害関係者の期待を調整するきっかけを与える。その過程で市場予測や特許報告など数値をともなう文書と関連づけられながら、誰かによる期待の正当性が高められ、イノベーションが展開する。その間に、規制の導入や、新たな研究体制の構築、また産学連携体制の構築、実験データの集積など、社会構造にも変化が生じ、誰かによって語られた未来がつくられていく。

このような社会現象は、本章が取り上げた事例に限ったことではない。国や行政組織のみならず、グローバルな組織、企業、個人など、様々なレベルで、観察されるものである。人の生命や生活に直接関わる農や食のあり方を変える科学技術は、誰もが利害関係者であることを念頭におきつつ、誰による期待なのか、誰による予測なのかということを問う力がわれわれすべてに求められているのである。

（1）　CRISPR/Cas9とは、Clustered Regularly Interspaced Short Palindromic Repeats/CRISPR associated protein 9の略語である。CRISPR/Cas9は、ゲノム編集技術と総称される技術の一つ。

（2）　ただし、CRISPR/Cas9の発明に関しては、基本特許の所有者が誰であるのかが争われているため、産業応用につながるまでには、時間がかかる見込みという認識を持つ関係者が多い。

（3）　NPBTとは、オリゴヌクレオチド誘発突然変異導入技術、ジンクフィンガーヌクレアーゼ技術、シスジェネシス・イントラジェネシス、接ぎ木、アグロインフィルトレーション、RNA依存性DNAメチル化技術、逆育種、合成ゲノムといった技術群の総称であり、慣行育種よりも育種効率が良いとされる。中でも、ゲノム編集技術は、ゲノムDNA配列の自由かつ正確な改変を可能にするのみならず、マーカー遺伝子を容易に除去できることなどから、育種の範囲を広げることもでき、新たな分子育種技術であるとして、近年、研究者や産業界の間で期待が寄せられている（江面・大澤 二〇一三）。

（4）　ＳＩＰの実施体制、育種への応用のためのゲノム編集技術の研究動向ついては、鈴木（二〇一六）が詳しい。

（5）　内閣府「科学技術イノベーション総合戦略」http://www8.cao.go.jp/cstp/sogosenryaku/（二〇一八年三月二五日閲覧）

（6）　新たな育種技術研究会とは、農林水産技術会議事務局内に設置された有識者研究会組織。育種学、分子生物学、保全生態学、植物生理学、遺伝生化学・ＧＭ検知技術、比較政策の研究者から構成される。

（7）　内閣府「「バイオ戦略策定に向けて」（バイオテクノロジーによるイノベーションを促進する上での課題及び戦略策定について）」http://www8.cao.go.jp/cstp/gaiyo/yusikisha/20171012.html（二〇一八年三月二五日閲覧）

（8）　産業界の意見集約を行い、バイオ関連の科学技術政策と産業政策に対する政策提言を行うための組織。集約された意見は、関連する国会議員、省庁、政府研究機関等に説明し、政策に反映されるための活動を行う。

参考文献

アグリバイオ 二〇一七：『特集——未来の食卓が代わる！　有用植物のゲノム編集』北隆館。

英『エコノミスト』編集部 二〇一七：『２０５０年の技術——英『エコノミスト』誌は予測する』文藝春秋。

江面浩・大澤良 二〇一三：『新しい植物育種技術を理解しよう』国際文献社。

菱山豊 二〇一〇：『ライフサイエンス政策の現在——科学と社会をつなぐ』勁草書房。

科学技術振興機構 二〇一五：『調査報告書　ゲノム編集技術』CRDS-FY2014-RR-06、研究開発戦略センター。https://www.jst.go.jp/crds/pdf/2014/RR/CRDS-FY2014-RR-06.pdf（二〇一八年三月二五日閲覧）

日本農業新聞 二〇一八：「農業を変える宇宙の目」（二〇一八年三月一四日朝刊）

日本バイオ産業人会議 二〇一六：「進化を続けるバイオ産業の社会貢献ビジョン——新たな基幹産業の創出と地球規模の課題解決に向けて」https://www.jba.or.jp/jabex/pdf/2016/JABEX_vision(160509).pdf（二〇一八年二月二七日閲覧）

日経バイオテク 二〇一七：『日経バイオ年鑑――研究開発と市場・産業動向』日経バイオテク。

佐伯徳彦 二〇一五：「産業と行政 今後のバイオ産業政策の在り方について――「ゲノム編集技術」が創るバイオ経済（Bioeconomy）の未来」『バイオサイエンスとインダストリー』七三巻四号、三三〇―五頁。

鈴木富男 二〇一六：「育種革命をもたらすゲノム編集技術」『化学と生物』五四巻九号、六八七―九〇頁。

特許庁 二〇一七：『平成二八年度 特許出願技術動向調査報告書――ゲノム編集及び遺伝子治療関連技術』知財動向班。

松島茂・宮本岩男 二〇〇三：「バイオテクノロジー関連産業」『サイエンス型産業』後藤晃・小田切宏之編、ＮＴＴ出版。

山口富子 二〇一七：「ゲノム編集技術ブームと産業化への胎動」『農業と経済』八三巻、一四八―五五頁。

山口富子・日比野愛子（編） 二〇〇九：『萌芽する科学技術――先端科学技術への社会学的アプローチ』京都大学学術出版会。

山口亮子・窪田新之助 二〇一七：「「大量離農時代」の切り札――スマート農業」『Wedge』二〇一七年一一月号、一四―一八頁。

山中伸弥 二〇一七：「ｉＰＳ細胞と私たちの未来――持続的な研究のために」『現代思想』二〇一七年六月増刊号、八―二二頁。

Borup, M., Brown, N., Konrad, K., and van Lente, H. 2006: "The Sociology of Expectations in Science and Technology," *Technology Analysis & Strategic Management*, 18(3-4), 285-98.

Brown, N. and Michael, M. 2003: "A Sociology of Expectations: Retrospecting Prospects and Prospecting Retrospects," *Technology Analysis & Strategic Management*, 15(1), 3-18.

Callon, M. 1984: "Some Elements of a Sociology of Translation: Domestication of the Scallops and the Fishermen of St Brieuc Bay," *The Sociological Review*, 32, 196-233.

Doudna, J. A., and Charpentier, E. 2014: "The New Frontier of Genome Engineering with CRISPR-Cas9," *Science*, 346

(6213).

Davis, K. E., Fisher, A. Kingsbury, B., and Merry, S. E. 2012: *Governance by Indicators: Global Power through Quantification and Rankings*. Oxford, Oxford University Press.

Froot, K. A., Scharfstein, D.S., and J. C. Stein, J.C. 1992: "Herd on the Street: Informational Inefficiencies in a Market with Short-Term Speculation," *Journal of Finance* XLVII(4):1461–84.

Godin, B. 2006: "The Linear Model of Innovation: The Historical Construction of an Analytical Framework," *Science, Technology, & Human Values,* 31(6), 639–67.

OECD. 2009: *The Bioeconomy to 2030 Designing a Policy Agenda.* OECD: Paris. http://www.oecd.org/futures/long-termtechnologicalsocietalchallenges/thebioeconomyto2030designingapolicyagenda.htm（二〇一八年三月一五日閲覧）

第3章　未来をつくる法システム
――DNA型鑑定への期待と失望

鈴木　舞

1　期待と社会

一九五三年にジェームズ・ワトソン（James Watson）とフランシス・クリック（Francis Crick）が、ヒトの遺伝情報を担う物質としてDNA（deoxyribonucleic acid）の分子構造を明らかにし、人々はそれに歓喜した。これによって「ヒトは何からできているのか」という論争に関する一定の結論が出たと言えるが、人々の関心がそれで満足されたわけではなく、これはさらなる熱狂のはじまりであった。「ヒトは何からできているのか」という、有史以来われわれを魅了してきた問いへの一つの回答は、それに基づいた様々な科学やテクノロジーへの期待を生み、得られたDNAというヒトの原材料から、人工的にヒトをつくり出せるのではないかというところまで、現在ではテクノロジーが進展している（NHK「ゲノム編集」取材班 二〇一六：ダウドナ・スターンバーグ 二〇一七）。

こうした人々の期待は、失望と常に隣り合わせだが、本章ではDNAに関する人々の期待と失望に注目する。期待と失望は、単に個人の心理的な反応ではなく、ある人々がそのような感情を共有し、さらに期待や失望はそれ単独では存在せず、法や政治、経済等と密接に関連しているという点で社会的なものであり、それゆえに同じ対象に関しても、それぞれの文化や社会で異なる期待や失望を抱くと言える。ここでは、DNA、特に犯罪捜査や裁判と関連したDNA型鑑定に注目し[1]、日本とアメリカでDNA型鑑定への期待と失望、そしてDNA型鑑定の実践の変遷を分析する。それによって、人々の期待や失望、そしてそれらに影響を受けるDNA型鑑定の姿が、その背景にある社会的要素とどのように関連しているかを明らかにする。

予測という行為が未来を形づくっている様を、多様な事例から分析することが本書の目的の一つであるが、予測の中には、人々の期待も含むことができると思われる。本章では、予測の中でも特に人々の期待と、期待の帰結として生まれるという点では広い意味で期待の中に内包される失望に焦点を合わせ、それらが社会的要素と関係し合いながら、いかにして未来を創造していくのかを考察する。

期待の社会学

本章でとり上げるDNA型鑑定のような科学に関する人々の期待は、期待の社会学という学問潮流の中で検討がなされている。詳細は第1章・第2章に譲るが、科学やそれに基づいたテクノロジーがそれ単独で変化しているわけではなく、人々の期待が、科学やテクノロジーの方向性と関係しているというのが期待の社会学の一つの主張である。科学やテクノロジーの変遷は、ガートナー社によって、ハイプ・サイクルという熱狂と失望のプロセスとの関連で図式化されており、多くの事例研究がなされている（Borup et al. 2006; Brown et al. eds. 2000; Milne 2012; van Lente 2012）。

こうした先行研究を受け、本分析では期待と失望の背景にある、経済や政治等の社会的要素に着目する。それへの熱狂が失望に変わった後、科学やテクノロジーはある一定の形へと落ち着いていくが、例えば福島は、タンパク３０００という日本の国家プロジェクトの分析を通して、期待や失望と政策や国際競争との関係を分析している（福島 二〇一七）。しかし、同じ科学やテクノロジーに関して、国によって、その期待や失望、その後の科学やテクノロジーのあり方に違いがあるのかについては、従来ほとんど研究がなされてこなかった。本章では人々の期待や失望のあり方を、その背景にある社会との関係で捉え、さらには国際比較という観点をとり入れることで、人々の期待と科学やテクノロジーについて、より立体的な考察を行う。

ＤＮＡへの期待

本章では、事例として、特に犯罪捜査や裁判と関連しているＤＮＡ型鑑定をとり上げる。ＤＮＡ型鑑定とは、個人の遺伝情報を担うＤＮＡの構成要素の一つである塩基配列の並びに個人差があることを利用して、犯罪現場等で採取された証拠資料が誰のものかを特定する科学鑑定である。一九八〇年代に誕生したこの鑑定は、従来個人識別を一手に担ってきた指紋鑑定以上の識別能力を持つものとして、人々から多くの関心と犯罪解決への期待を集めた。

こうしたＤＮＡ型鑑定への人々の期待の背景には、そもそもＤＮＡに関する人々の期待が存在している。ＤＮＡを発見したワトソンとクリックの科学界への最も大きな貢献は、ヒトが、アデニン、チミン、グアニン、シトシンという四種類の単純な塩基という物質からなっていることを明らかにした点であると言える。ヒトがたった四種類の情報からなっているという彼らの発見は、この情報を解読することで生命の神秘が解明されるという人々の期待を生み、それがヒトゲノム計画へと繋がっていく。そして、ヒトゲノム計画の完了後には、DNAに基づいて個別医療や農作物の品種改良等への人々の期待が高まり、そうしたテクノロジーの進展や、DNAに注目した新たな科学領域が誕生していく（鈴木 二〇一七a：ラジャン二〇一一：Hedgecoe and Martin 2003; Waldby 2001）。こうした、二〇世紀後半から生じていたDNAへの人々の期待という大きな流れの中で、犯罪捜査や裁判に貢献するためのDNA型鑑定が誕生した。

失望の後で

犯罪捜査にDNAを利用することを思い立ったイギリスの遺伝学者、アレック・ジェフリーズ（Alec Jeffreys）が、一九八五年にDNA型鑑定の初期の形を生み出し（Jeffreys et al. 1985）、一九八六年に初めてDNA型鑑定が実際の犯罪捜査の中で利用された（バトラー 二〇〇九）。その後、世界各地でDNA型鑑定が活用され、その個人識別能力の高さから、犯罪捜査関係者や司法関係者、一般の人々の大きな期待を受けることになる。しかし、DNA型鑑定の刑事事件への導入後間もなく、それへの人々の不信が高まり、DNA型鑑定への失望が世界的に見られるようになる。そして、この失望を受けDNA型鑑定の鑑定実践が変化していく。結論を先取りすると、人々からの期待や失望、失望の後のDNA型鑑定のあり方は、国によって異なる様相を見せる。

本章ではこうした、DNA型鑑定の実践の変化に注目し、DNA型鑑定への人々の期待や失望が、DNA型鑑定のあり方にどのように影響を与えるのか、そして人々の期待や失望の背景にある社会的要素として、法システムの役割を指摘する。なお本章で法システムとは、裁判制度や、裁判に関係する法曹三者・陪審員・裁判員等の人々を指す。

具体的には、主に文献調査に基づき、アメリカと日本におけるDNA型鑑定への人々の期待と失望、DNA型鑑定の実践の変遷を比較し、両国のDNA型鑑定のあり方の違いがなぜ生じるのかを分析する。(2)

2　DNA型鑑定への期待と失望――アメリカの事例

DNA型鑑定の変遷

まず、アメリカにおけるDNA型鑑定の状況を記述する。

アメリカの刑事事件に初めてDNA型鑑定が導入されたのは、一九八六年に発生した、連続強姦事件に対してである。ジェフリーズが開発したDNA型鑑定は当時、DNA指紋法（DNA fingerprinting）と呼ばれていたが、これがアメリカでも利用された。個人識別を可能にする画期的な方法として、DNA型鑑定への人々の期待は大きかったものの、新しい鑑定法であったDNA型鑑定について、FBI（Federal Bureau of Investigation）はそれがどこまで実際の証拠資料の鑑定に応用できるか検証中であり、検察からの鑑定の依頼を受けなかった。そのため、ライフコーズ社という民間の鑑定業者が、当該鑑定を実施した（瀬田 二〇〇五：ワインバーグ 二〇〇四）。

DNA型鑑定のプロセスは大きく三つの段階から構成される。ある人のDNAの塩基配列の特徴は、その人のDNA型と呼ばれるが、まず犯罪現場から採取された血痕等、その由来が分かっていない証拠資料

（以下、現場資料とする）のDNA型と、被害者や被疑者から採取された、その由来が分かっている証拠資料（以下、対照資料とする）のDNA型がそれぞれ明らかにされる。続いて、現場資料と対照資料のDNA型が比較され、両者に一致があるかどうかが判定される。もし、二つの型の間に一致が見つかれば、由来の分からない現場資料が誰のものか同定できることに繋がる。[3] しかし、ここで例え現場資料と対照資料のDNA型に一致が見つかったとしても、被害者や被疑者以外に同じDNA型を持つ別人が存在する可能性があるため、最後に、二つの型の一致から、現場資料が誰のものかが確率的に評価される。

アメリカに導入されたDNA型鑑定でも、詳細について違いはあるものの、大枠としてはこの三つの段階が行われ、結果が裁判に提出された。連続強姦事件のうち、一つ目の裁判の中では、「現場資料と対照資料のDNA指紋は一致しており、被疑者が誤って犯人とされる確率は一〇〇〇万分の一である」という検察側の鑑定結果を弁護側が攻撃し、出された数値の根拠を求めた。これに対して、検察側はその根拠を持っておらず、確率的な鑑定結果を修正し、ただ「二つのDNA指紋が一致している」という結果に訂正したため、判決について陪審員の意見が割れた。続く二件目の裁判では、DNA型鑑定だけではなく、指紋鑑定という別の鑑定結果も加味して被疑者に有罪判決が下された（瀬田 二〇〇五）。

このように、アメリカにおけるDNA型鑑定は導入当初、それへの批判に応えることができず、その後も民間の研究所やFBIによる研究等の中で、DNA指紋法に関して、犯罪捜査では通常得ることが難しい多量の証拠資料を必要とし、資料が少なかったり劣化したりする場合には、鑑定がうまくいかない、DNA型鑑定の最終プロセスである確率計算が困難である等、様々な問題点が浮上し（岡田 二〇〇五：瀬田 二〇〇五：那谷 二〇〇五：本田 二〇一八：Bell 2008）、人びとの失望が増した。そしてこれに応えるために、新たな鑑定方法が生み出されることになる。

前述の通り、DNAとは四種の塩基からなり、この塩基の配列がわれわれの遺伝情報を担っている。DNAの塩基配列は染色体上にのっているが、染色体上の塩基の並びの中で、特定の塩基配列が繰り返される箇所が存在する。その繰り返しの様子が個人ごとに違っていることを利用するのがDNA型鑑定である。DNA指紋法は、染色体の様々な場所で、三三個の特定の塩基配列が何回も繰り返されていることを利用している。三三個を一単位とした塩基配列が何回繰り返されているのか、そしてそれが染色体全体でどのようなバリエーションを持っているのかは、個人によって異なっており、それが数十本のバンドの形として、あたかも指紋のように表される（これをその人のDNA指紋と呼んでいる。DNA型との違いは後述）のがDNA指紋法の特性である[4]。DNA指紋法の問題は、繰り返される塩基配列が非常に多く、また、繰り返される塩基配列が出現する場所が特定されておらず、それゆえに、犯罪捜査では得難い多量のDNAが必須であり、さらに確率的な結果の解釈が困難になる点であった。そのため、染色体の特定の場所に注目し、そこで特定の塩基配列が繰り返し生じることを利用したDNA型鑑定のやり方の研究が進み、ユタ大学の研究者によって、VNTR法（Variable Number of Tandem Repeat、ミニサテライト法とも）というDNA型鑑定が生み出された（岡田 二〇〇六：勝又 二〇一四：本田 二〇一八：Bell 2008）。

VNTR法は、一つの染色体箇所に注目する手法であり、多くの箇所に注目するために得られる情報量が多いDNA指紋法とは異なり、一回の鑑定で、塩基配列の繰り返し回数について二つしか情報を得られない（これを、その染色体箇所のDNA型と呼ぶ[5]）という欠点があるが、DNA指紋法よりも必要な証拠資料の量が少なくてすむ等の利点があった。またDNA型鑑定の最終段階である確率計算のためには、得られたD

NA型が、ある集団内においてどのくらい出現するのか、すなわち特定のDNA型の出現頻度データが必要となる。分析する塩基配列の場所が分かっているVNTR法は、DNA指紋法に比べて、このデータを得るための研究がしやすかったと言える。こうしてVNTR法はFBIや民間の鑑定企業の研究者によっても検証が行われ、その正確さが認証されると共に、それを利用できる染色体箇所の研究が進んだ。さらに、確率計算のためのデータの収集が進んだことにより、一九九〇年頃からこの方法が全米で利用されることになった（岡田 二〇〇五：瀬田 二〇〇五：下郷ほか 一九九二：バトラー 二〇〇九）。

しかし、VNTR法もDNA指紋法と同様に、繰り返される塩基配列の数が一五～六〇個程度と多く、結果として証拠資料が微量であったり汚染されたりした場合、またコンタミネーション（混入）が生じていた場合には、正しい判定が得られないという問題を抱えていた。実際、一九八七年にアメリカで発生した母子殺害事件（カストロ事件）では、汚染された証拠資料の鑑定結果を、鑑定人が都合よく読みとっていたことが裁判の中で明らかになり、この事件の裁判ではDNA型鑑定結果が証拠として採用されなかった。その後の他の裁判の中でも、DNA型鑑定の信頼性に疑義が呈され、証拠として採用されない事態も生じた（岡田 二〇〇五：勝又 二〇一四：瀬田 二〇〇五：ワインバーグ 二〇〇四：Bell 2008）。

代わりに誕生したのが、STR法（Short Tandem Repeat、マイクロサテライト法とも）と呼ばれる、二～五個程度の塩基配列の繰り返しに注目した鑑定方法である。これは染色体の特定箇所の短い塩基配列に着目することで、犯罪に関連した証拠資料に特徴的な、微量だったり劣悪な環境下に置かれているものでも鑑定を可能とする方法であり、DNA指紋法、VNTR法で欠点とされていた多くの問題が解決された。さらに、DNAの特定部分を増幅するPCR法（Polymerase Chain Reaction）との併用により、(6) 一九九〇年代後半から現在に至るまで、このＳＴＲ法に基づいて、染色体上の複数箇所を分析するＤＮＡ型鑑定がアメリカをはじめ世界的に実施されている（岡田 二〇〇五：瀬田 二〇〇五：下郷ほか 一九九二：Ballou et al. 2013; Bieber 2004）。また、ＤＮＡ型のデータ収集も進み、一九九八年には国家ＤＮＡ型データベース（CODIS: Combined DNA Index System）が設立され、鑑定の中で得られたＤＮＡ型を登録し、それに基づいて捜査活動が実施されている（バトラー 二〇〇九）。

ＤＮＡ型鑑定では、複数人の証拠資料が混ざった混合資料や、非常に微量な資料の鑑定が困難な場合があるが、現在ではこうした混合資料や微量資料に関しても確率的な計算が実施され、統計プログラムによって結果が算出されている。さらに、近年はＤＮＡ型鑑定の自動化が進み、鑑定人の主観を排し、誰がやっても同じ結果となることが目指されている（鈴木 二〇一七ａ：二〇一七ｂ：Ballou et al. 2013）。

こうしたＤＮＡ型鑑定の実践に関しては、一九九二年と一九九六年に全米科学アカデミーのＤＮＡ型鑑定に関する全米研究評議会（NRC: National Research Council）が、研究会議に基づいて勧告を作成し、ＤＮＡ型鑑定のやり方や確率計算の手法について規定している（National Research Council 1992; 1996）。そして、一九九二年の勧告を受け、米国連邦議会が一九九四年にＤＮＡ型鑑定法（DNA Identification Act of 1994）を可決し、ＤＮＡ型鑑定のやり方について法的に規定がなされ、その下で鑑定が実施されている（勝又 二〇一四：Lynch et al. 2008）。また、ＤＮＡ型鑑定法、二〇〇〇年のＤＮＡ型鑑定未処理削減法（DNA Analysis Backlog Elimination Act of 2000）、二〇〇一年の愛国法（USA PATRIOT Act of 2001）等により、ＤＮＡ型データベースの運用についても規定がなされている。以上は連邦法による規制であるが、州ごとにもＤＮＡ型鑑定について州法が制定されている（日本弁護士連合会 二〇〇七：Houck 2007）。

このようにアメリカでのＤＮＡ型鑑定は、その導入時から人々の期待や失望の中で、そのあり様を変化させているが、筆者が別稿で明らかにしたように（鈴木 二〇一七ｂ）、ＤＮＡ型鑑定の変遷といった場合、二つの側面から分析することができる。一つはこれまで述べてきたような、ＤＮＡ型鑑定のやり方そのものの変化であり、もう一つはＤＮＡ型鑑定で分析される証拠資料の取り扱いの変化である。

ＤＮＡ指紋法からＶＮＴＲ法、ＳＴＲ法へとＤＮＡ型鑑定が進展し、加えて法による規制が進む中で、人々のＤＮＡ型鑑定への失望は弱まり、ＤＮＡ型鑑定が技術的に安定したかのように見える。しかし、証拠資料の取り扱いという点からも、ＤＮＡ型鑑定は失望を受けることになる。一九九四年のＯ・Ｊ・シンプソン（Orenthal James Simpson）事件の裁判において、現場資料と被疑者であるシンプソンの対照資料との間でＤＮＡ型の一致が見つかり、現場資料がシンプソンのものである確率が非常に高く算出された。この事件におけるＤＮＡ型鑑定自体は、科学的な正当性を持って実施されたが、裁判の中で、分析された証拠資料が捏造された可能性が指摘された。いくらＤＮＡ型鑑定が検証やデータに基づいて行われていたとしても、そこで鑑定される資料自体が捏造されていては、鑑定結果は正しいものとなるはずがなく、捜査機関への不信と共に、ＤＮＡ型鑑定への人々の失望が高まった。結果としてＯ・Ｊ・シンプソン事件の裁判では、ＤＮＡ型鑑定は証拠として採用されず、その他の裁判でも証拠資料の捏造や取り違えが指摘されるという状況が続いた（瀬田 二〇〇五：ワインバーグ 二〇〇四：Lynch et al. 2008）。

これに対して、ＤＮＡ型鑑定法に基づいて設置されたＤＮＡ諮問委員会（DNA Advisory Board）が、一九九八年と一九九九年に、ＤＮＡ型鑑定を実施する研究所の品質保証基準を発表し、各施設にこの基準を満たすよう要請した。そして、ＤＮＡ型鑑定のやり方や証拠資料の取り扱いに関する詳細なマニュアルを作成し、それに基づいて鑑定を実施したり、鑑定の実施者には定期的に国際的な技能試験を受けさせ、それに合格した場合に鑑定活動に関わらせる等の対応をとることで、DNA型鑑定が再び裁判で信頼されるようになり、失望状態を脱却してきた[7]（勝又 二〇一四：司法研修所編 二〇一三：鈴木 二〇一七a：Lynch et al. 2008）。また近年では、DNA型鑑定に基づいて冤罪が晴らされる等、有罪を決めるものとしてではなく、無罪を晴らすものとして、DNA型鑑定への期待も高まっている（ギャレット 二〇一四：ドワイヤーほか 二〇〇九）。

期待と失望とその後

このように、アメリカにおいてDNA型鑑定は、当初導入されたDNA指紋法というやり方から、裁判での多くの批判を受けて、その形が次々に変わっていく。個人識別に貢献するという人々のDNA型鑑定への期待の一方で、裁判での検察側と弁護側のやり取りを通して、その限界が明らかになり、人々がそれに対して失望感を持つ。そして、そうした人々の失望に応える形で、鑑定を実施する鑑定機関や企業、大学による鑑定手法の改良や科学アカデミー、連邦議会による規制が行われ、DNA型鑑定はそのあり方を変化させ、安定的な形へと収束する。

そして特にDNA型鑑定のあり方としてアメリカで特徴的なのは、その定量化が進んだという点である。DNA型鑑定のプロセスの一つに確率計算が存在するが、この確率計算のためのデータ収集や、統計的手法、ソフトウェアの研究が進み、鑑定結果の数値化がアメリカでのDNA型鑑定の主流となっている。こうしたDNA型鑑定の定量化はアメリカだけではない世界的な流れであるが、その動きがDNA型鑑定以外の他の科学鑑定分野、指紋鑑定や銃器鑑定、足跡鑑定等にも影響を及ぼしている。

ジェフリーズが、自身の開発したDNA型鑑定を「DNA指紋法」と名付けたのは、それ以前には指紋鑑定が、科学鑑定の中で個人識別の手法として確固たる地位を獲得しており、DNA型鑑定も指紋鑑定を目標としていたからであると言われている（Lynch et al. 2008）。指紋鑑定とは、個々人の指紋の形に違いがあることを利用した個人識別方法であり、DNA型鑑定が確率計算を行い、結果を数値化するのに対して、鑑定人が自身の目と経験を頼りに分析を行い、結果をほとんど数値化しないという特性がある。指紋鑑定以外の多くの科学鑑定も、基本的には鑑定人がその主観を利用して、数値化せずに鑑定結果を出すが、近年アメリカを中心に、こうした多くの鑑定分野が「科学的ではない」として、裁判の中で批判を受けている。そして二〇〇九年に、全米科学アカデミーの法科学委員会（Forensic Science Committee）が報告書を作成し、DNA型鑑定以外の科学鑑定分野に対して、DNA型鑑定のようなやり方をとるように求めている（National Research Council 2009; cf. 鈴木 二〇一七a）。

アメリカにおいてDNA型鑑定は、導入時は期待の一方で多くの失望を受け、一時不遇の時を迎えたが、鑑定業界や学界、法曹界や政界、産業界等との連携の中でその地位を回復し、再び人々の期待を担っていると言える。そしてこの新たな期待は、DNA型鑑定以外の他の科学鑑定分野へも影響を及ぼしている。(8)

3　DNA型鑑定への期待と失望――日本の事例

DNA型鑑定の変遷

続いて、日本におけるDNA型鑑定の状況を描写する。

日本の刑事事件で初めてＤＮＡ型鑑定が導入されたのは、一九八六年であり、東京大学の石山昱夫によって、ジェフリーズのＤＮＡ指紋法に基づいて東大で開発した手法で実施された。鑑定は、前述した三つの段階がとられ、個人識別の確率計算も結果として提出された（勝又 二〇一四：押田ほか 二〇〇九）。判例集に初めてＤＮＡ型鑑定が記載されたのは、一九九二年の水戸地裁下妻支部判決である。ＤＮＡ型鑑定は、一九八九年から警察庁の科学警察研究所が犯罪捜査に活用しはじめ、一九九二年から都道府県警の科学捜査研究所に導入されたが、一九九二年に水戸地裁に提出されたＤＮＡ型鑑定は、科学警察研究所によって実施された。この事件では、現場資料と被疑者の対照資料の血液型およびＤＮＡ型が比較され、両者は一致した。明らかにされた血液型とＤＮＡ型の出現頻度も算出され、裁判所はこの鑑定結果も根拠の一つに挙げ、有罪判決を言い渡した。この時には前記したアメリカをはじめとしたＤＮＡ型鑑定に対する不信の影響を受け、ＤＮＡ指紋法ではなく、ＶＮＴＲ法が利用された。一九八六年と一九九二年の裁判では、被害者や目撃者の供述等他の証拠もあったために、ＤＮＡ型鑑定の信頼性については裁判では争われなかったが、特に一九九二年の水戸地裁の判決は、ＤＮＡ型鑑定が裁判所に証拠として採用され、公刊物に掲載された初めての例である（井上 一九九八：勝又 二〇一四：Ｋ 二〇〇〇：安富 一九九九）。

ＤＮＡ型鑑定の導入時には、「指紋鑑定以来の捜査革命」（朝日新聞 一九九二）等と、ＤＮＡ型鑑定に対して人々の大きな期待が寄せられる一方で、ＤＮＡ型鑑定の問題点が指摘され、その運用を不安視する声も上がっていた。

ＤＮＡ型鑑定への否定的な見解は、アメリカでの事例同様、ＤＮＡ型鑑定の手法そのものに関連するものと、ＤＮＡ型鑑定で分析される証拠資料の取り扱いに関連するものとに分けることができる。日本におけるＤＮＡ型鑑定の黎明期には、その鑑定技術も今のものと比べると科学的に脆弱であり、鑑定に際し鑑定人の主観が入り込む可能性や、突然変異によってＤＮＡの塩基配列が変化し、鑑定結果にも影響を与える可能性、ＤＮＡ型鑑定で利用される確率計算の算出方法が確立されていないこと等が、問題点として、鑑定を遂行する大学の研究者等から指摘された（下郷ほか 一九九二）。また、ＤＮＡ型鑑定で対象となる証拠資料の取り違えやコンタミネーション等の、証拠資料の不適切な取り扱いによって誤ったＤＮＡ型鑑定結果となる可能性や、ＤＮＡ型鑑定が遺伝情報を担うＤＮＡを対象とすることから、プライバシーとの関係で、ＤＮＡ型鑑定の問題点が、鑑定に関わる人々や法学者、弁護士等から批判された（井上 一九九八：岡田 二〇〇六：下郷ほか 一九九二：日本刑法学会第七一回大会ワークショップ 一九九四：日本刑法学会第七二回大会ワークショップ 一九九五）。

こうしたＤＮＡ型鑑定への失望が噴出しはじめる一つの契機が、一九九〇年に発生した足利事件である。足利事件では、被疑者の対照資料と現場資料との間で血液型とＤＮＡ型が一致し、さらに被疑者の自白等もあり、一九九三年に無期懲役の判決が下された。足利事件においては、ＶＮＴＲ法の中でも、MCT118DNA 型鑑定と呼ばれる日本人が開発した手法が利用され、確率計算の結果、得られたＤＮＡ型と血液型の出現頻度が、一〇〇〇人に一・二人とされた。この事件の控訴審で、日本の裁判では初めて、ＤＮＡ型鑑定に関して、その信頼性が議論されることになる。前述した通り、MCT118DNA 型鑑定をはじめとするＶＮＴＲ法は、現在行われているＳＴＲ法と比べると科学的精度が低く、実際足利事件で得られたデータは不明瞭なものであった。そのため弁護側は、鑑定に際し鑑定人の主観が入り込んだ可能性があると指摘した。また、ＤＮＡ型鑑定で実施される確率計算についても、鑑定実施時には十分なデータに基づいておらず、鑑定を行った科学警察研究所がデータを収集するのに伴い、当初は、一〇〇〇人に一・二人とされた結果が、一〇〇〇人に五・四人と変更され、DNA型鑑定の曖昧さが露呈した（菅家・佐藤 二〇〇九：日本弁護士連合会人権擁護委員会編 一九九八）。しかし、こうしたDNA型鑑定への弁護側の疑義に対し、裁判所はDNA型鑑定の信頼性は維持できるとして、一九九六年に東京高裁は控訴を棄却、二〇〇〇年には最高裁が上告を棄却した。最高裁はその判決の中で、「本件で証拠の一つとして採用されたいわゆるMCT118DNA型鑑定は、その科学的原理が理論的正確性を有し、具体的な実施の方法も、その技術を習得した者により、科学的に信頼される方法で行われたと認められることから、本件鑑定の証拠価値については、その後の科学技術の発展により新たに解明された事項等も加味して慎重に検討されるべきであるが、なお、これを証拠として用いることが許されるとした原判断は相当である」として、DNA型鑑定について最高裁として初めてその信頼性を認めた（江原 二〇〇八：警察大学校重要判例研究会 二〇〇〇）。

足利事件の裁判でその信頼性が認められたDNA型鑑定は、VNTR法によるものであるが、日本ではその後、一九九六年からVNTR法に加えてSTR法、さらに塩基配列そのものの一部が個人によって異なることを利用したPM法（Poly Maker）も導入される（安富 一九九九）。しかし、アメリカをはじめとした世界でのVNTR法への批判を受け、またVNTR法やPM法の検査試薬が製造中止になったこと等を受け、二〇〇三年からSTR法のみを利用している。現在では、PCR法を併用し、複数の染色体箇所をSTR法により分析するDNA型鑑定が行われ、鑑定実践の自動化も進んでいる（岡田 二〇〇六：小野寺 二〇〇七：清水 二〇〇五）。DNA型鑑定については、足利事件の後も様々な批判がなされてきたが、アメリカとは異なり、日本では弁護側がDNA型鑑定への不信を提示しても、裁判所がそれを退けるという状況がしばらく続いた。一九九五年に福岡高裁が、初めてDNA型鑑定の信頼性を否定し、逆転無罪を言い渡したが、これは被疑者のものとして鑑定された毛髪がそもそも被疑者のものではなかったという、証拠資料の取り扱いに関する問題であり、DNA型鑑定の原理や技術一般の信頼性は裁判の中では否定されてこなかった（井上 一九九八：K 二〇〇〇：安富 一九九九）。しかし、二〇〇〇年代になるとその流れに変化が生じる。

二〇〇八年、足利事件に関して最高裁が最新のSTR法による再鑑定を認め、二〇〇九年に行われたDNA型鑑定の結果、現場資料と被疑者の対照資料のDNA型が一致しないことが明らかになり、被疑者に無罪判決が下された。これによって、DNA型鑑定の限界が明確化し、その後も、一九九七年に発生した東京電力女性社員殺人事件の再審等、DNA型鑑定に対する批判が裁判で認められるケースが少しずつ増えてきている。

こうしたDNA型鑑定への失望に対して、日本では、アメリカの流れを引き継いだ新たな手法の導入に加えて、いくつかの対策がとられてきた。前述の通り、アメリカでは法によりDNA型鑑定のやり方が規定されているが、日本では、一九九二年に警察庁により、「DNA型鑑定の運用に関する指針（二〇〇三年、二〇一〇年に改正）」、一九九七年に日本DNA多型学会、科学警察研究所、日本弁護士連合会を中心に、「DNA鑑定についての指針（二〇一二年に改正）」等が定められ、それに基づいたやり方をとることで、鑑定の信頼性を担保し、個人の遺伝情報を有するDNAを警察が取り扱うことへの人々の不安に対応している（警察庁鑑識課実務研究会 二〇〇三）。また、日本にもDNA型データベースが存在するが、データベースは二〇〇五年の「DNA型記録取扱規則（二〇一一年、二〇一五年に改正）」という国家公安委員会規則、二〇〇五年の「DNA型記録取扱細則（二〇一一年、二〇一五年に改正）」という警察庁訓令に基づいて運用されている。さらに、連邦制をとるアメリカでは、地域によってDNA型鑑定のやり方に違いが生じているが、日本では、警察の鑑定組織である科学警察研究所および科学捜査研究所において、全ての研究所で同じ鑑定方法、結果の判定基準をとることで、鑑定人の主観を排除し、人によって鑑定結果に違いが生じるという事態を防ぎ、DNA型鑑定への人々の失望に対応し、その信頼性確保に尽力している（cf. 司法研修所編 二〇一三；平岡 二〇一四）。

期待と失望とその後

日本では、アメリカとは異なり、鑑定に関わる大学の研究者や弁護側によるDNA型鑑定への失望が提示される中、裁判所がそれへの期待を長年維持するという形が見られた。最近では、それにも変化が生じ、裁判所もDNA型鑑定の限界を認識するようになってきている（cf. 今村 二〇一二；森 二〇一四）。

しかし、DNA型鑑定への裁判所による期待が保持されたからといって、提示された失望がDNA型鑑定へ影響を及ぼさなかったわけではない。DNA指紋法からVNTR法、STR法へと、DNA型鑑定は変遷を遂げた。またDNA型鑑定に関する規定が作成される等、失望を回復するための方策がとられている。一方で、アメリカと比較した場合の日本の特徴は、DNA型鑑定の実践の定量化があまり進んでいないという点である。

アメリカではDNA型鑑定への人々の失望の結果、その定量化が進み、さらに現在では定量化されたDNA型鑑定が他の科学鑑定分野にも影響を及ぼしているが、日本では、この定量化がそもそもほとんど進んでいない。足利事件の際、不十分なデータに基づいて確率計算を行っていたため、鑑定結果が時間と共に変化し、それが裁判の中でも批判されたが、現在日本では、特に科学警察研究所や科学捜査研究所が鑑定結果を出す場合、この確率計算に消極的な姿勢をとっている。日本の刑事事件に関して、DNA型鑑定のほとんどは両研究所で実施されているが、大学の研究所等で行われる場合もある。大学の研究所では、確率計算を実施し、結果を数値で提示しているが、科学警察研究所や科学捜査研究所では「現場資料は被疑者のものと言って矛盾がない」といった形で、鑑定結果が出される。もちろん、科学警察研究所や科学捜査研究所でも、確率計算の研究は行われているものの、実際の業務において、特に鑑定結果を提示する際には、数値化されたものは出されていない（cf. 勝又 二〇一四）。

警察庁は、DNA型の出現頻度を鑑定書に記載しないことについて、「DNA型鑑定の導入当初は、鑑定内容を分かりやすくすることを目的に、鑑定書に可能な限り出現頻度を記載することとしていたが、DNA型鑑定が一般的に理解されてきたこと、出現頻度が学術雑誌等に公表され記載の必要性がなくなったことから、平成六年一〇月より鑑定書に記載しないこととしている（警察庁 二〇一〇、一一頁）」と述べているが、「出現頻度と頻度分布の激変等を裁判等で批判されるに至り、他方、世間に対するアピールと予算獲得の目的は一応達したので、その後、その記載を止めたのではないか（日本弁護士連合会人権擁護委員会編 一九九八、一三一頁）」、「統計調査ごとに出現頻度のデータが変わるので、それを記載してDNA型鑑定自体に対する不信が生ずることを防ぐという判断もある（和田 二〇一一、一一三頁）」という意見も見られ、裁判での批判が、日本のDNA型鑑定のあり方に影響を与えている側面もあると思われる。確かに、数字を提示することで、逆に統計学に疎い裁判官や陪審員が結果を間違って解釈してしまうという問題も昨今、世界的に指摘されており（Koehler 2001; Thompson and Schumann 1987）、安易に数値化することへの批判も存在するが（本田 二〇一八）、「事実認定への悪影響は、出現頻度を隠すことによってではなく、その意味を事実認定の主体が正しく理解することによって図られるべきである（和田 二〇一一、一一四頁）」という指摘もなされている。いずれにせよ、日本のＤＮＡ型鑑定はアメリカをはじめとする、ＤＮＡ型鑑定の定量化という世界の流れとは逆行している。

また、日本のＤＮＡ型鑑定のもう一つの特徴は、その実践に関する規制のあり方である。ＤＮＡ型鑑定への失望を払拭するために、アメリカをはじめ世界各国では、その実践やデータベースの運用等に関して、法律による規制が行われている。これに対して日本では、指針や規則、訓令で定められているだけであり、ＤＮＡ型鑑定に関連した法的な規制が十分に整備されていない。これに対しては、被疑者等からのＤＮＡ型鑑定のための証拠資料の採取については、刑事訴訟法に基づいているという指摘がある一方で、例えばデータベースに登録された情報は将来の犯罪捜査においても利用されることから、法学者を中心に、データベースへ登録される対象者や登録された情報の利用のされ方が明確ではないという問題点が指摘され、法律による規定がないデータベースの信頼性が疑問視されている（岡田 二〇〇六；末井 二〇一一；辻本 二〇一三；徳永 二〇一五；日本弁護士連合会 二〇〇七）。

4　期待・失望・実践の背景

以上、アメリカと日本に関して、ＤＮＡ型鑑定の実践の変遷を辿りながら、人々のＤＮＡ型鑑定への期待と失望が、鑑定のあり方にどのように影響を与えているのかを分析してきた。アメリカ、日本共に、DNA型鑑定はその導入当初は、個人識別の革命児として人々からの期待を一身に受けていたと言える。しかし、裁判を通してその限界が露呈されると、次第にDNA型鑑定への人々の失望が増していく。そして、この失望に対して様々な対策がとられることで、DNA型鑑定が期待を回復していくという一連の流れがある。

しかし、このDNA型鑑定への期待から失望、そして復活までのプロセスはアメリカと日本で違いがある。先に議論した通り、アメリカでは早い段階から、鑑定人や弁護側だけではなく、裁判に関わる陪審員や裁判所もDNA型鑑定への失望を提示していた。これに対して、日本では、鑑定人や弁護側の失望に対して、裁判所はDNA型鑑定に期待を持ち続けていたと言える。実際、足利事件の再審請求の中で、事件で行われた当初のDNA型鑑定の信頼性が疑われ、またDNA型鑑定から引き出された自白とは矛盾する目撃証言や物的証拠が発見されたことから、何度も再鑑定が裁判所に申請されたが、裁判所は、DNA型鑑定の信頼性は維持できるとして長年再鑑定を認めなかった。足利事件の悲劇は、DNA型鑑定への期待の高さゆえに生じた結果とも言える[9](cf. 鈴木 二〇一七b)。

また、人々の失望を受けてDNA型鑑定に変化が生じるが、その変化の方向性もアメリカと日本では異なっている。アメリカでは、法によってDNA型鑑定の実践を規定し、確率計算の手法の改良や統計プログラムの拡充など、DNA型鑑定の実践の定量化を推し進めていった。これに対して日本では、法による規定ではなく、指針や規則、訓令レベルの規定に留まり、また数値による鑑定結果の記載をやめる等、脱定量化の方向に舵を切った。

本節では、DNA型鑑定への人々の期待や失望、そしてその後のDNA型鑑定のあり方がなぜ国によって異なっているのかを議論する。その背景には、各国の異なる法システムの影響がある。DNA型鑑定の結果は、最終的には裁判の中で吟味され、意思決定に利用されるかどうかが決定される。その意味で、DNA型鑑定とは裁判の中で常に精査を受けており、それをクリアすることが非常に重要になってくる。つまり、DNA型鑑定のあり方とは裁判における人々のそれへの認識と密に関連しているが、アメリカと日本とでは法システムが異なっており、それが人々の認識や鑑定の違いに繋がっている。

ある科学鑑定の結果を裁判で証拠として採用するかどうかに関して、アメリカにはフライ基準（Frye rule）や連邦証拠規則（Federal Rules of Evidence）、ドーバート基準（Daubert rule）といった基準が存在する。例えばフライ基準では、科学鑑定で利用される原理や方法論が一般的な承認を受けていることが必要とされ、ドーバート基準では、理論や方法がピアレビューされていること、エラー率や標準手法が明らかにされていることと等が、特定の科学鑑定の結果が裁判で採用されるための条件として、必要とされる（司法研修所編 二〇一三；鈴木 二〇一七a）。

裁判における科学的証拠の採用は、証拠能力と証明力と関連してくる。証拠能力とは、証拠として事実認定に利用できる適格を指し、証明力とは、証拠がどれだけ事実認定に役立つのかを意味する。証拠能力が認められて初めて、ある証拠がどの程度の意味を持つのか（証明力）が裁判の中で評価され、判決が下されるのだが、陪審員制度をとっているアメリカでは、証拠能力の判定を裁判官が行い、裁判官によって証拠能力が認められたものについて、陪審員が証明力の判定を行い意思決定が遂行されていく。裁判に不慣れな陪審員が適切な意思決定を行うためには、彼らの前に提示される証拠が信頼に足るものかどうかが重要となり、その判断を下す裁判官の責任が重大となる（弥永 二〇一四）。そのため、フライ基準や連邦証拠規則、ドーバート基準等の、証拠能力を評価する際の基準を策定し、これに基づいて裁判官が科学鑑定を評価してきた。そして、これらの基準をクリアしない科学鑑定は、裁判では証拠として受け入れられないため、鑑定に際し法律等の厳格なルールに基づき、裁判所が要求していることに応えることが重要になってくる。実際に前述したアメリカでのＤＮＡ型鑑定に関する様々な規定は、科学的証拠の採用基準に沿うような形で出されている（徳永 二〇〇二；Lynch et al. 2008）。さらに、裁判においてや、ＤＮＡ型鑑定に関連する法を設定する議会、科学アカデミーでは、定量化されたものこそが科学であるという認識が存在し、それゆえに、確率計算方法の改良を含有した規制が作成され、それに基づいたＤＮＡ型鑑定の実践の変更が行われていると考えられる（cf. 鈴木 二〇一七ａ）。

また、陪審員制度によってアメリカでは、一般の人々が裁判での意思決定に参画する。そのため、多様な期待や失望が裁判の中で提示され、それが判決の中にも採用されやすくなっている。こうした状況の中で、Ｏ・Ｊ・シンプソン事件に見られるように、弁護側が法廷を舞台として利用し、陪審員にＤＮＡ型鑑定への不信を植えつけるという戦術を繰り広げる等（Lynch 1998; Lynch and Jasanoff 1998）、ＤＮＡ型鑑定に対する様々な認識が裁判という場で示され、その結果として、ＤＮＡ型鑑定に対する失望やそれに基づいた実践の変更が、日本以上に生じやすくなっていると言えるだろう。

これに対して、日本では特定の科学鑑定の結果を証拠として採用するかどうかについて、明確な規定が存在しない。日本では長年、陪審員制度をとっておらず、裁判官のみが意思決定を担ってきた。それゆえに証拠能力も証明力も、裁判に慣れ親しんでいると考えられている裁判官自らが評価してきたが、その判断基準が曖昧であることが指摘され（徳永 二〇一四；成瀬 二〇一四）、裁判官の独自の評価に基づいて、科学性の低い鑑定についてもその証拠能力を認めてきたという点が批判されている（浅田 二〇〇七：辻脇 二〇一〇：弥永 二〇一四）。足利事件の最高裁判決において、MCT118DNA型鑑定という、再審の中でその科学的精度の低さが露呈されたDNA型鑑定が証拠として採用されたのは、こうした裁判官の自由裁量に基づいた判断がなされていたことが背景にあると言える（cf. 長沼 二〇〇三）。日本の裁判における科学的証拠の採用は、アメリカに比べて柔軟な部分が存在する。それゆえに、法による規制ではなく、より拘束力の緩い指針等による規制に基づいて、DNA型鑑定が実施されてきたと考えられる。さらに、証拠の採用基準として定量化が必ずしも重視されてこなかったこともあり、定量化を推し進めず、科学の非専門家である裁判官にも理解しやすいような、言葉による鑑定結果の提示へと針路をとったのではないかと言える。

日本では、その法システムゆえに、DNA型鑑定への裁判所の期待が維持され、それに応じて鑑定実践が変化してきた。しかし、二〇〇九年に裁判員制度がはじまり、一般の人々が裁判に参加するようになった結果、彼らの抱くDNA型鑑定への失望が、裁判の中でも重視されるようになり、DNA型鑑定の限界を考慮した判決が下されるようになっており、大きな注目を集めている（今村 二〇一二）。また日本でも、裁判員が証拠を評価する前に、裁判官が証拠の信頼性を検討するという仕組みがとられるようになった（司法研修所編 二〇一三）。裁判員制度という法システムの変化の中で、日本のDNA型鑑定が今後どのような展開を遂げるのか、見守っていく必要がある。

これまで見てきた通り、DNA型鑑定への人々の期待と失望、そしてその後のDNA型鑑定のあり方の日米の違いには、異なる法システムが関係している。アメリカでは、陪審員制度がとられ、科学的証拠の採用基準が存在している。[10] それゆえに、裁判の中で科学鑑定のあり方が多様な観点から厳しく吟味される。そして、人々の期待を回復し、裁判を円滑に遂行するために、科学鑑定の実施者だけではなく、学界や法曹界、政界、産業界が協力してＤＮＡ型鑑定を改良してきた。加えて、定量化されたものが科学であるという、一つの科学像が存在するため、それに見合うようにＤＮＡ型鑑定が変更されていった。

これに対して日本では、今では裁判員制度がとられているものの、長年裁判官による自由裁量の下で証拠が評価され、科学的証拠の採用基準がアメリカに比べると柔軟なものであった。それゆえにＤＮＡ型鑑定が、裁判の中で吟味される機会がそれほど多くはなく、ＤＮＡ型鑑定への失望が裁判の中で意識されることが、アメリカに比して少なく、鑑定を行う人々が主な中心となってその鑑定実践が改良されてきた。そして、特に定量化されたものが科学とは考えられていないことから、脱定量化という方向へと変化していった。

結論——法システムによる予測

本章では、ＤＮＡ型鑑定に注目し、日本とアメリカでのその変遷を分析することで、人々の期待や失望が科学やテクノロジーに与える影響を多層的に理解することを目指した。ＤＮＡへの期待の風の中で、ＤＮＡ型鑑定への人々の期待も強いが、そのあり方、そしてＤＮＡ型鑑定への失望やその後の鑑定実践のあり様は国によって大きく異なっている。

この違いは、ＤＮＡ型鑑定が法システムという各国で異なる社会的要素と関連しているからである。ＤＮＡ型鑑定は、犯罪捜査や裁判の中で利用されるため、法の文脈の中でそれへの評価がなされる。法システムは各国の歴史や伝統の影響を受けてそれぞれ独自の発展を遂げているため、そのあり様は国ごとに多種多様であり、それゆえに法システムに基づいたDNA型鑑定への評価も国ごとに異なり、それが結果としてDNA型鑑定のあり方の違いを生み出している。

DNA型鑑定とは、従来の研究で検討されてきた科学やテクノロジーとは異なり、法と密着したものである。本章ではこうした独自性を持つ対象を分析することで、これまでの研究では見落とされてきた、科学やテクノロジーへの期待や失望、そしてその発展の背景に社会的要素、特に法システムが大きな影響を及ぼしていることを明らかにした。

「予測がつくる社会」という本書のテーマとの関係で言えば、社会的要素、本章で扱った事例については法システムが、人々の期待や失望、予測を生み出し、そしてそれに基づいて科学やテクノロジーの将来像、社会の未来の形が定まっていくと言える。法システムがDNA型鑑定の将来のあり方を予測し、その実現を促していくのであるが、法システムは法というものの性格上、元来われわれの社会において、われわれの活動や考え方を強く拘束するものである。そのため、法システムに基づいた期待や失望は科学やテクノロジーの将来像を強く規定すると言え、実際に法システムが望むようにDNA型鑑定の実践は変化してきたのであり、これからも展開していくのであろう。

（1）　人のDNAの塩基配列の個人差を利用して個人識別を行う科学鑑定は、DNA鑑定、DNA型鑑定と呼称される。DNA鑑定は、DNAを解析して判断を下す検査の全てが含まれ、DNA型鑑定とはDNAを解析し、何らかの型に分類し個人の同定を行うものに限定された、ＤＮＡ鑑定の特殊な形態とされている（本田 二〇一八、三三頁）。一方で、個人識別のためのＤＮＡ分析は、「型」の判定をしているため、「ＤＮＡ型鑑定」と表現するのが良いという指摘もある（岡田 二〇〇五、四頁）。現在、日本をはじめ多くの国で行われているのは、ＤＮＡ型鑑定であることから、本章ではＤＮＡ型鑑定という用語を使用する。ただし、ジェフリーズの開発したＤＮＡ指紋法は、ＤＮＡ鑑定に分類される。

（２）ＤＮＡ型鑑定とは、犯罪捜査や裁判に貢献するための科学である、法科学（forensic science）の一領域である（cf. 鈴木 二〇一七ａ）。一方でＤＮＡ型鑑定とは、具体的な鑑定活動も含んでおり、科学的知識に基づいたテクノロジーとも言え、ＤＮＡ型鑑定（DNA analysis）は、ＤＮＡテクノロジー（DNA technology）と呼称されることもある（cf. Bell 2008; National Research Council 1992）。本章では、科学としてのＤＮＡ型鑑定とテクノロジーとしてのＤＮＡ型鑑定双方を含む形で、ＤＮＡ型鑑定の実践、ＤＮＡ型鑑定の手法、ＤＮＡ型鑑定のあり方といった用語を使用する。

（３）厳密には、「由来の分からない現場資料のＤＮＡが誰のものか」が明らかにされるが、本章では分かりやすくするために本文中のような表記とした。

（４）ＤＮＡ指紋法では、染色体全体における塩基配列の繰り返しのバリエーションを分析しており、ＤＮＡの型分類は行わないため、ＤＮＡ型鑑定というよりもＤＮＡ鑑定という呼称が適切であるが（本田 二〇一八）、本章では前掲注の通り、ＤＮＡ型鑑定という呼称を使用した。

（５）両親から一本ずつ染色体を引き継ぐため、特定の染色体箇所について、個人は二つの塩基配列の繰り返し回数を持つことになる。

（６）ＶＮＴＲ法の一部でもＰＣＲ法が併用されていたが、増幅される反復配列の長さが問題とされていた（本田 二〇一八）。

（７）一方で、二〇〇一年と二〇〇三年に、多くの鑑定機関でＤＮＡ諮問委員会の定めた基準が守られていないことが発覚し問題となり、二〇〇四年に新しい基準が発表された（勝又 二〇一四）。

（8）本章では紙面の関係で触れなかったが、ＳＴＲ法以外にも、ミトコンドリア内に存在するＤＮＡに注目したものや、微量資料に関するもの、男性のみが持つＹ染色体に注目したもの、さらには塩基配列のうち、個人の間のたった一つの塩基の違い（ＳＮＰ：Single Nucleotide Polymorphism）に注目したもの等、様々な新しい手法が開発されている（本田 二〇一八：Bieber 2004）。

（9）足利事件については、ＤＮＡ型鑑定を実際に利用した人々だけではなく、新聞等のマスコミも当初、ＤＮＡ型鑑定を過信した報道を行っていたことが問題視されている（田村 二〇一〇）。

（10）アメリカの科学的証拠の採用基準について、その存在の一方で、実際の運用の仕方は裁判官ごとに異なっている、という指摘もなされている（Jasanoff 1997）。

参考文献

浅田和茂 二〇〇七：「第28講　科学的証拠」『刑事司法改革と刑事訴訟法』下巻、村井敏邦・川崎英明・白取祐司編、日本評論社、七八三―八一二頁。

朝日新聞 一九九一年一二月二五日朝刊。

井上薫 一九九八：「裁判官から見た警察捜査――ＤＮＡ鑑定と捜査官」『捜査研究』四七巻一二号、六七―七一頁。

今村核 二〇一二：『冤罪と裁判』講談社。

ＮＨＫ「ゲノム編集」取材班 二〇一六：『ゲノム編集の衝撃――「神の領域」に迫るテクノロジー』ＮＨＫ出版。

江原伸一 二〇〇八：「最近の刑事裁判に現れたＤＮＡ型鑑定」『捜査研究』五七巻八号、五六―七〇頁。

岡田薫 二〇〇五：「進化するＤＮＡ型鑑定」『捜査研究』五四巻一二号、二―一五頁。

岡田薫 二〇〇六：「ＤＮＡ型鑑定による個人識別（下）――英米独の現状と我が国における課題」『捜査研究』五五巻四号、二六―三四頁。

押田茂實・鉄堅・岩上悦子 二〇〇九：「法医学におけるＤＮＡ型鑑定の歴史」『日大醫學雜誌』六八巻五号、二七八―

八三頁。

小野寺信幸 二〇〇七：「新しい高精度DNA型鑑定法の導入について」『捜査研究』五六巻一号、四三―五一頁。

勝又義直 二〇一四：『最新DNA鑑定——その能力と限界』名古屋大学出版会。

ギャレット、B・L 二〇一四：『冤罪を生む構造——アメリカ雪冤事件の実証研究』笹倉香奈・豊崎七絵・本庄武・徳永光訳、日本評論社。

K 二〇〇〇：「〈司法記者の眼〉最高裁、DNA鑑定の証拠能力認める」『ジュリスト』一一八四号、六九頁。

警察大学校重要判例研究会 二〇〇〇：「最新判例研究——MCT118DNA型鑑定の証拠能力を肯定した事例」『捜査研究』四九巻一一号、五〇―四頁。

警察庁 二〇一〇：「足利事件における警察捜査の問題点等について（概要）」。https://www.npa.go.jp/bureau/criminal/sousa/torishirabe/houkokushogaiyou.pdf（二〇一八年三月二一日閲覧）

警察庁鑑識課実務研究会 二〇〇三：「鑑識を取り巻く現状（第四回）——DNA型鑑定等新しい鑑識方法について」『捜査研究』五二巻十号、二八―三五頁。

司法研修所編 二〇一三：『科学的証拠とこれを用いた裁判の在り方』法曹界。

清水稔和 二〇〇五：「遺留資料DNA型情報検索システムの運用開始等について」『捜査研究』五四巻四号、一四―二二頁。

下郷一夫・樋口十啓・本田克也・三澤章吾 一九九二：「DNA鑑定——その意義と限界」『ジュリスト』一〇一〇号、八三―九六頁。

末井誠史 二〇一一：「DNA型データベースをめぐる論点」『レファレンス』六一巻三号、五―三〇頁。

菅家利和・佐藤博史 二〇〇九：『訊問の罠——足利事件の真実』角川書店。

鈴木舞 二〇一七a：『科学鑑定のエスノグラフィ——ニュージーランドにおける法科学ラボラトリーの実践』東京大学出版会。

鈴木舞 二〇一七b：「第4章　犯罪捜査と科学——DNA型鑑定をめぐる諸課題」『科学の不定性と社会：現代の科学

リテラシー』本堂毅・平田光司・尾内隆之・中島貴子編、信山社、五二―六七頁。
瀬田季茂　二〇〇五：『続　犯罪と科学捜査――DNA型鑑定の歩み』東京化学同人。
ダウドナ、J・スターンバーグ、S　二〇一七：『CRISPR（クリスパー）――究極の遺伝子編集技術の発見』櫻井祐子訳、文藝春秋。
田村譲　二〇一〇：「足利事件に関する一考察」『法と政治の現代的諸相――松山大学法学部開設二〇周年記念論文集』ぎょうせい、一三七―三二四頁。
辻本典央　二〇一三：「ドイツにおけるDNA型検査の現状――DNA型一斉検査」『近畿大学法学』六一巻二・三号、六一―八〇頁。
辻脇葉子　二〇一〇：「科学的証拠の関連性と信頼性」『明治大学法科大学院論集』七巻、四一三―四三頁。
徳永光　二〇〇二：「DNA証拠の許容性――Daubert 判決の解釈とその適用」『一橋法学』一巻三号、八〇七―六〇頁。
徳永光　二〇一四：「[コメント]　飯塚事件、科学的鑑定の証拠能力」『法と心理』一四巻一号、一三―六頁。
徳永光　二〇一五：「刑事手続とDNA情報」『刑法雑誌』五四巻三号、五一〇―七頁。
ドワイヤー、J・ニューフェルド、P・シェック、B　二〇〇九：『無実を探せ！　イノセンス・プロジェクト――DNA鑑定で冤罪を晴らした人々』西村邦雄訳、現代人文社。
長沼範良　二〇〇三：「刑事判例研究　第六三回　いわゆるMCT118DNA型鑑定の証拠としての許容性――足利事件上告審決定」『ジュリスト』一二三九号、一五六―六〇頁。
那谷雅之　二〇〇五：「法医学領域のDNA分析」『刑法雑誌』四五巻一号、一〇〇―四頁。
成瀬剛　二〇一四：「科学的証拠の許容性」『刑法雑誌』五三巻二号、一六〇―七八頁。
日本刑法学会第七一回大会ワークショップ　一九九四：「科学捜査」『刑法雑誌』三三巻四号、八六四―八頁。
日本刑法学会第七二回大会ワークショップ　一九九五：「科学捜査」『刑法雑誌』三四巻三号、一三六―四〇頁。
日本弁護士連合会　二〇〇七：「警察庁DNA型データベース・システムに関する意見書」。https://www.nichibenren.

or.jp/library/ja/opinion/report/data/071221_000.pdf（二〇一八年三月三一日閲覧）

日本弁護士連合会人権擁護委員会編　一九九八：『ＤＮＡ鑑定と刑事弁護』現代人文社。

バトラー、Ｊ・Ｍ　二〇〇九：『ＤＮＡ鑑定とタイピング——遺伝学・データベース・計測技術・データ検証・品質管理』福島弘文・五條堀孝監訳、共立出版。

平岡義博　二〇一四：『法律家のための科学捜査ガイド——その現状と限界』法律文化社。

福島真人　二〇一七：『真理の工場——科学技術の社会的研究』東京大学出版会。

本田克也　二〇一八：『ＤＮＡ鑑定は魔法の切札か——科学鑑定を用いた刑事裁判の在り方』現代人文社。

森炎　二〇一四：『教養としての冤罪論』岩波書店。

安冨潔　一九九九：「ケーススタディ——刑事手続の論点（第一四回）ＤＮＡ型鑑定と証拠」『捜査研究』四八巻一一号、六三—八頁。

弥永真生　二〇一四：「裁判における科学的な証拠／統計学の知見の評価と利用」『法廷のための統計リテラシー——合理的討論の基盤として』近代科学社、一六九—二〇一頁。

ラジャン、Ｋ・Ｓ　二〇一一：『バイオ・キャピタル——ポストゲノム時代の資本主義』塚原東吾訳、青土社。

ワインバーグ、Ｓ　二〇〇四：『ＤＮＡは知っていた』戸根由紀恵訳、文藝春秋。

和田俊憲　二〇一一：「遺伝情報・ＤＮＡ鑑定と刑事法」『慶應法学』一八号、七九—一三六頁。

Ballou, S., Houck, M., Siegel, J. A., Crouse, C. A.,Lentini, J. J., and Palenik, S. 2013: "Criminalistics: The Bedrock of Forensic Science," Ubelaker, D. H.（ed.）*Forensic Science: Current Issues, Future Directions*. John Wiley & Sons, 29–101.

Bell, S. 2008: *Encyclopedia of Forensic Science: Revised Edition*. Fact on File.

Bieber, F. R. 2004: "Science and Technology of Forensic DNA Profiling: Current Use and Future Directions," Lazer, D.（ed.）*DNA and Criminal Justice System: The Technology of Justice*. MIT Press, 23–62.

Borup, M., Brown, N., Konrad, K., and van Lente, H. 2006: "The Sociology of Expectations in Science and Technology,"

Technology Analysis and Strategic Management, 18(3-4), 285-98.

Brown, N., Rappert, B.,and Webster, A. (eds.) 2000: *Contested Futures: A Sociology of Prospective Techno-Science*, Ashgate.

Hedgecoe, A., and Martin, P. 2003: "The Drugs Don't Work: Expectations and the Shaping of Pharmacogenetics," *Social Studies of Science*, 33(3), 327-64.

Houck, M. M. 2007: *Forensic Science: Modern Methods of Solving Crime*. Praeger Publishers.

Jasanoff, S. 1997: *Science at the Bar: Law, Science, and Technology in America*. Harvard University Press.

Jeffreys, A. J. Wilson, V., and Thein, S. L. 1985: "Hypervariable 'Minisatellite' Regions in Human DNA," *Nature*, 314: 67-73.

Koehler, J. J. 2001: "The Psychology of Numbers in the Courtroom: How to Make DNA-Match Statistics Seem Impressive or Insufficient," *Southern California Law Review*, 74, 1275-305.

Lynch, M. 1998: "The Discursive Production of Uncertainty: The OJ Simpson "Dream Team" and the Sociology of Knowledge Machine," *Social Studies of Science*, 28(5-6), 829-68.

Lynch, M., Cole, S. A., McNally, R., and Jordan, K. 2008: *Truth Machine: The Contentious History of DNA Fingerprinting*. The University of Chicago Press.

Lynch, M., and Jasanoff, S. 1998: "Contested Identities: Science, Law and Forensic Practice," *Social Studies of Science*, 28(5-6), 675-86.

Milne, R. 2012: "Pharmaceutical Prospects: Biopharming and the Geography of Technological Expectations," *Social Studies of Science*, 42(2), 290-306.

National Research Council, 1992: *DNA Technology in Forensic Science*. National Academies Press.

National Research Council, 1996: *The Evaluation of Forensic DNA Evidence*. National Academies Press.

National Research Council, 2009: *Strengthening Forensic Science in the United States: A Path Forward*. National

Academies Press.
Thompson, W. C., and Schumann, E.L. 1987: "Interpretation of Statistical Evidence in Criminal Trials: The Prosecutor's Fallacy and the Defense Attorney's Fallacy," *Law and Human Behavior*, 11(3), 167–87.
van Lente, H. 2012: "Navigating Foresight in a Sea of Expectations: Lessons from the Sociology of Expectations," *Technology Analysis and Strategic Management*, 24(8), 769–82.
Waldby, C. 2001: "Code Unknown: Histories of the Gene," *Social Studies of Science*, 31(5), 779–91.

第4章　防災における「予測」の不思議なふるまい

矢守克也

1　「予測」が外れることをねらう

大津波　来たらば共に　死んでやる　今日も息《こ》が言う　足萎え吾に

この命　落としはせぬと　足萎えの　我は行きたり　避難訓練

二つの短歌に見る「予測」の自己破壊

これら二つの短歌はいずれも、近い将来の発生が懸念されている南海トラフ地震が発生したとき、最悪の場合、全国一高い三四メートルの大津波に襲われ、一二三〇〇人（全人口の約五分の二）もの死者が出る（高知県 二〇一二）と想定された高知県黒潮町に暮らす秋澤香代子さんが詠んだものである（図4-1）。あきらめの心情が吐露された前者の歌は、二〇一二年に想定が公表された直後のもの、対照的に前向きな気持ちがこめられた後者の歌は、その二年後のものである。両者の違いは、秋澤さん、一般には深刻な被害「予

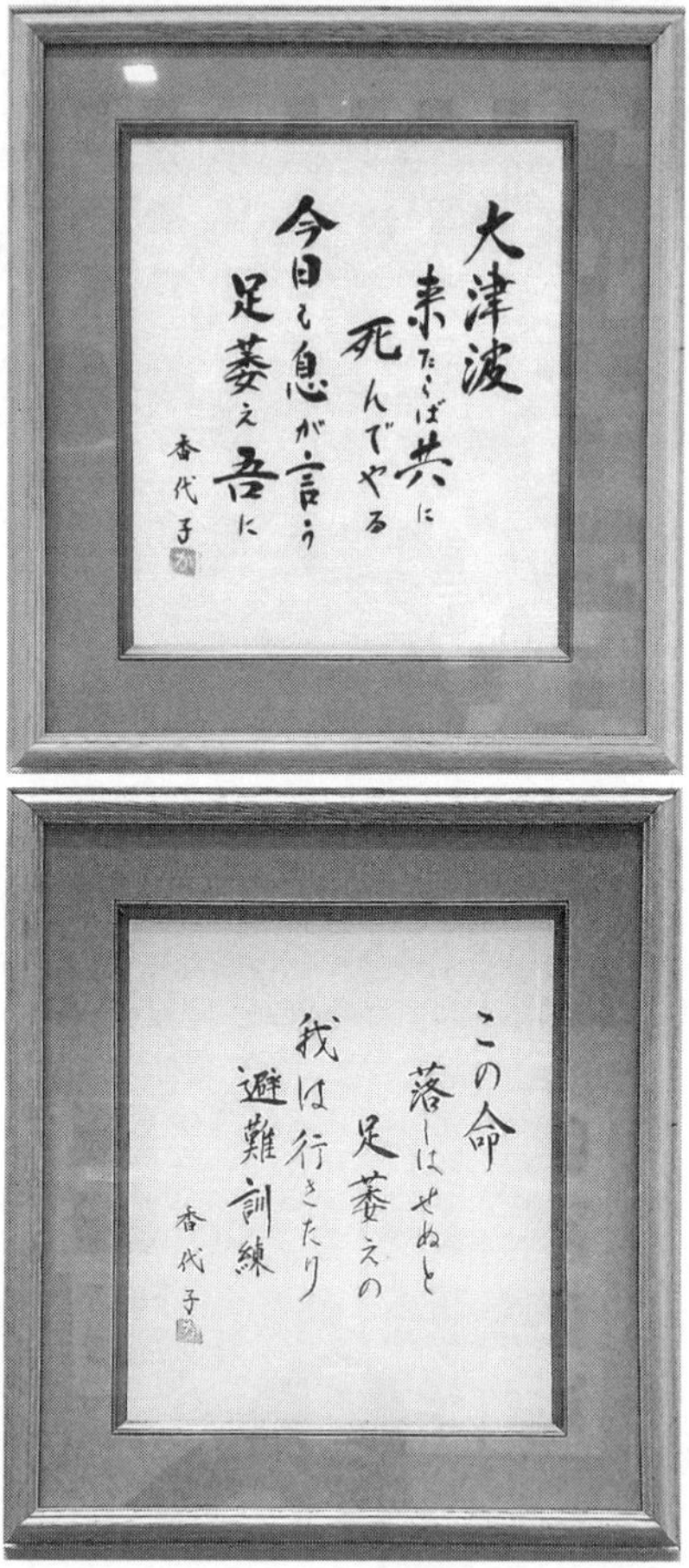

図4-1　短歌（秋澤香代子さん作）
上「大津波」2012年、下「避難訓練」2014年。

測」を提示された地域住民が防災活動に対して抱く心情の違いを反映している。実際、この間、秋澤さんの周囲（町役場、地域社会など）で、予測された巨大津波に備えた対策や取り組みが盛んに実施され、それが一つめの短歌から二つめの短歌への変化を生んだ背景になっている（詳しくは、矢守（二〇一六a）を参照）。

しかし、「予測」という観点に立ったとき、二つの短歌には、津波防災に対する後向きあるいは前向きな心情表現以上の重要な違いが反映されていると見なければならない。それは、自らを予測の営みにおける〈客体的なオブジェクト〉として位置づけるか、そうではなく、自らを予測の営みの一角を占める〈主体的なエージェント〉として位置づけるかの違いである。すなわち、「来たらば共に死んでやる」では、甚大な被害予測に避けがたく巻き込まれている〈オブジェクト〉として、対照的に、「我は行きたり避難訓練」では、予測された未来を変化させる〈エージェント〉として、秋澤さんは自らを定位していると見ることができる。

実際、防災に関する予測が、地震動や津波の挙動など自然現象本体の予測（ハザード予測）を超えて、一言でも人的被害や経済被害に言及したら（いわゆる被害予測）、その時点で、その予測は、あらゆる人びとに〈主体的なエージェント〉としての関与を許容するタイプの予測に変貌していると言ってよい。別の言い方をすれば、「××町の津波による死者は一〇〇〇人、××県の経済被害は三〇〇億円と想定される」といった防災に関わる予測はすべて、予測内容が外れることを期待して――予測を外すためになされる〈主体的なエージェント〉の活動を喚起するために――社会にコミュニケートされている予測である。この意味で、防災に関する予測は、もともと、予測（予言）の自己破壊ないし自己破綻を指向した予測なのである。

防災の「予測」が内包する二つの矛盾・逆説

前項では、防災における予測は、一方で被害という否定的な結末を予測し、他方でそれを回避することを目的として社会に提示されている以上、もともと矛盾・逆説を内包していると指摘した。これは、防災における予測活動において、人間は〈客体的なオブジェクト〉の枠内におさまりきらず、どうしても〈主体的なエージェント〉としてもあらわれてしまうことがもたらす矛盾・逆説である。

しかも、これとは別のタイプの第二の矛盾・逆説が、防災における予測に存在していることが重要である。こちらは、〈客体的なオブジェクト〉と見なしうる自然現象本体の予測（ハザード予測）の範囲内に話を限定したとしても生じる矛盾・逆説である。そのことの意味は、東日本大震災（二〇一一年）の後、大きく取りあげられ一種の流行語ともなった「想定外」のことを考えてみるとよくわかる。「想定外」とは、それまでの予測を根底から覆すような自然現象や被害が生じた事実、および、その原因を説明する用語として流布した。「想定外」という説明様式に象徴されるように、防災における予測は、予測された被害を——〈主体的なエージェント〉としての人間が回避することに成功するどころか——さらに悪い方向へと乗り越えられてしまうという課題に、長年にわたって宿痾のようにとりつかれてきた。防災における予測が、通常の安定的かつ常態的な自然ないし社会現象を突発的に攪乱するイレギュラーな異常事象を対象にしていることを考えると、これは避けがたい宿命だとも言える。

この認識をさらに一歩進めると、防災における予測については、次のような、一見完全に転倒した議論も成立するように思われる。すなわち、それは、予測した内容が「当たる」ことではなく、むしろ、先に述べた第一の矛盾・逆説とは別の意味で、（見事なまでに）「外れる」ことにこそ意義があると考える議論である。どんなに精緻に予測しようとしても人知及ばず発生してしまう例外的な自然現象や、それに翻弄される人間・社会を予測しようとすることが防災における予測なのであった。仮に、そうだとしたら、予測通りに生じた災害事象を予測した当の予測行為は、まさに予測通りだった——つまり人知が及ぶ程度の災害事象だった——という事実に負うて、かえって意義ある予測たりえておらず、むしろ、予測が及ばないこと、あるいは盛大に予測が外れること、言いかえれば、「裏切られた」、「意表を突かれた」という感覚を人びとに提供するような予測こそが、防災においては本質的な予測を提供しているとも言えるのではないか。

以上は一見暴論のようにも思える。しかし、先に言及した「想定外」について次のように考えを進めてみると、あながちそうとも言えず一理あることがわかる。「想定外」（予測外）に対処するとは、もともと「想定外」をことごとく抹消しようとすること、言いかえれば、森羅万象を「予測」し尽くし、すべてを想定内に包摂しようとすることではない。なぜなら、それは、「想定外」という用語の定義上、原理的に無理な相談だからである。だとすれば、どうすればよいのか。むしろ逆に、想定外に積極的に直面すること、それもできるだけ劇的な想定外、つまり、「想像だにしていなかった」と驚愕の念をもって体験するような「想定外」に直面し続けること、またそれを促す仕組みづくりを進めること、これこそが「想定外」への対処法だと言える。そして、ここで言う劇的な「想定外」に直面するためには、「予測」するだけでなく、いやそれ以上に、「予測」が「外れる」経験が重要であることは言うまでもない。

ここまでの議論を要約しておこう。防災における予測は、第一に、予測（予言）の自己破壊的な意味で、つまり、予測通りの被害を生まないようにするミッションをもっているという点で、第一の矛盾・逆説を内包している。しかも、防災における予測は、そのための努力を裏切る「想定外」の異常事態をこそ、何らかの意味で予測することを志向しなくてはならないという点で、第二の矛盾・逆説を内包している。

「逃げトレ」──予測における〈コンティンジェンシー〉

前項までに指摘したことは、言いかえれば、将来の事象を予測しようとしながらも、つまり、将来発生する事象を、少数の、理想的には単一のシナリオへと絞り込むことを目指しながらも、同時に、そこに〈コンティンジェンシー〉の要素、すなわち、予測通りのシナリオにはならない可能性や偶有性を担保しつつ

図 4-2　避難訓練ツール「逃げトレ」の概要

予測することが、防災における予測においては特に重要な意味をもつということであった。このことを具体的な事例を通して例示する意味で、ここで、筆者らが開発中の「逃げトレ」という名称のスマートフォンアプリについて簡単に紹介しておこう。なお、「逃げトレ」について詳しくは、既刊のレポート（例えば、杉山ほか二〇一六）などを参照いただき、ここではこのアプリの概要を集約した図を示すだけにとどめる（図4-2）。

「逃げトレ」は、津波避難訓練の支援を目的としたスマートフォンのアプリで、避難訓練参加者（アプリのユーザー）が実際に示した個別の避難行動と、当該地域で想定される津波浸水状況の時間変化をスマートフォンの画面上でオーバーラップさせた動画として可視化するものである。ユーザーは、訓練開始前に、避難開始までの準備時間、想定する津波の規模などを自身で選択（入力）できる。訓練開始後、どこからどこを通ってどこまで避難するかも、もちろんユーザー自身が決定し行動する。また、訓練中には「現在位置まであと何分で津波が来るか」など刻々の状況を文字情報と動画情報を通して知ることができるほか、訓練後には、自らが選択し行為した避難行動の成否を確認できる。加えて、「あと一〇分早く家を出ていたら」といった別条件で避難した場合の成否についても、アプリのシミュレーション機能を用いてチェックできる。

「逃げトレ」を活用した避難訓練がもつ明瞭な効果として、「もう一度トライしたい」という参加者からの反応がある。これは、マンネリが問題視されている従来型の一斉避難訓練にはほとんど見られない特長である。訓練後、多くのユーザーが、別の方法で（例えば、別の経路を通ってみる）、異なる条件で（例えば、避難開始までの時間を短くする）、再度訓練しようとするのである。同時に、次のような反応も観察された。それは、実際にアプリを使って訓練した本人だけでなく、その他の住民も参加し実施した津波防災のワークショップで、訓練結果を共同視聴したときのことである（訓練結果を示す動画はスマートフォンに「訓練アルバム」として保存できる）。その際、「もっと大きな津波が来ていたら……」、「このブロック塀が崩れたら……」といった意見がワークショップ参加者（訓練参加者本人も含む）から多数提示されたのだ。

これらの反応はすべて、「逃げトレ」を用いた訓練が、従来型の避難訓練と比較して、ある特定のシナリオ（実際にその参加者が示した行動実績）を相対化し、そこから離脱する運動・作用、すなわち、〈コンティンジェンシー〉を高めていることを示していると解釈できる。たしかに、「逃げトレ」は、訓練参加者の行動と想定される津波の浸水状況とをオーバーラップ表示させることで、一つの「予測」シナリオをこれまで以上に明確に可視化し、参加者に印象づける機能をもっている。もちろん、この機能も重要で、矢守・杉山・李（二〇一七）は、これを〈コンティンジェンシー〉と対照させて〈コミットメント〉と呼んでいる。

しかし、より重要なポイントとして、そのシナリオ（予測）通りにはならない可能性、そこから離脱する（ことができる）可能性をも、「逃げトレ」は、同時に参加者に開示しているわけだ。すなわち、一つの帰結を予測するとともに、それと同時相即的に、その予測が裏切られていく（自ら裏切っていく）可能性をも表示する機能が、「逃げトレ」には備わっていると考えることができる。

このように、「逃げトレ」は、まず、想定された津波とユーザーの訓練上の行動の組み合わせがもたらすシナリオと結末を、「予測」における〈客体的なオブジェクト〉としてのユーザーに提示する。しかも同時に、ユーザーが〈主体的なエージェント〉として自らが「予測」を「外す」ための方法を模索する活動を促す。この意味で、「逃げトレ」は、第一の矛盾・逆説へのチャレンジだと位置づけることができる。加えて、「逃げトレ」は、特定の「予測」シナリオへの〈コミットメント〉をもたらすと同時に、「予測」に逆らって、そこから離脱するためのポテンシャルである〈コンティンジェンシー〉をユーザーに解発しているという意味で、第二の矛盾・逆説に対するチャレンジにもなっている。

2　「予測」を既成事実化し先取りする

ノアは、やがて来るかも知れない破局的な出来事について、周囲の人たちに再三警告していたが、だれも真剣にとりあってくれない。そこで、彼は、古い粗衣を纏い、頭から灰をかぶった。これは喪った肉親を哀悼する者にだけ許される行為だった。すぐに彼の周りに人だかりができた。「だれか亡くなったのですか？」、「亡くなったのはほかならぬあなたたちだ」。意外な回答を怪しむ人びとが「それはいつ？」と尋ねると、「明日だ、明日を過ぎれば、洪水は『すでにおきてしまったこと』になるだろう。（……）私があなた方の前に来たのは、時間を逆転させるため、明日の死者を今日のうちに悼むためである」。この後、ノアは自宅に戻り、方舟造りを再開する。晩になると、一人の大工が門を叩き、ノアに言った。「方舟造りを手伝わせてください。あの話が嘘になるように」。そして、さらにその後、屋根葺き職人がノアの自宅を訪ねた……。（ギュンター・アンダース『灰をかぶったノア』より、大澤（二〇一二）の紹介）

避けられたのか避けられなかったのか

東日本大震災における原発事故がそうであるように、破局的な出来事がおきたとき、私たちは、しばしば相反する二つの感覚をもつ（大澤 二〇一二）。まず、破局がおきてしまうと、おきる以前には必ずしもそうではなかったにもかかわらず、それがおこったことは必然（不可避）であったと強く思えるようになる。「地震頻発国にこれだけ原発をつくってしまったのだから……」、「安全性を疑問視する声もあったのに、電力に依存した便利な生活を優先していたのだから……」というわけである。『灰をかぶったノア』の寓話で言えば、「あれだけ神を蔑ろにしたのだから、大洪水がおきても不思議ではない」という感覚が生じるということである。

しかし、重要なこととして、これと正反対の感覚も同時に生じる。つまり、破局がおきてしまったからこそ、あるいはおきてしまった時点から振り返ってはじめて、それを回避できた可能性を痛切に感じとることもできる。「せめて補助電源だけでも二階に上げておけば」、「老朽化した原発だけでも停止しておけば」といった感覚である。これらの対策は事前には何かと理由をつけて実施しなかったにもかかわらず、事後には実に簡単にできたことのように思えてくるし、実際に3・11後、直ちに実行に移されたことも多い。

つまり、破局的な出来事までの過程を不可避の必然（避けられなかったこと）と見なす事後の視点だけが、逆説的にもそれと同時相即的に過去の中に破局を回避しうる「他なる可能性」や「別の選択肢」が十分にありえたことを、まざまざと見せてくれるのである。これは、矢守（二〇一八a）で取りあげた「過去の未定化」（「もう」を「まだ」として）に基礎を有する感覚である。実際には、破局は「もう」おきてしまった。しかし、だからこそ、あのとき破局を「予測」し、それを避けるための行為を「まだ」なしえたかのように思えてくるのだ。破局の「前」の時点に立ってそれを「予測」しようとしているときには容易に見えない（ないし、できない）ことが、「後」の時点からそれを回顧すると、容易に見えた（ないし、できた）ことであるかのように感覚されるということである。ただし、『灰をかぶったノア』の示唆は、これだけにはとどまらない。さらにその先を行く含意がある。

「未来の既定化」

破局的な出来事の事後の視点、つまり、「まだ」おきていない出来事を「もう」おきてしまったものとして見る、事「後」の視点を徹底した形式でもち込むことではじめて、ノアは破局の「前」の時点に立つ人びとを実際に動かした。これが、この寓話の最大のポイントである。後知恵のように、おきてしまった破局の「前」の見え方が「後」の時点で変わったというだけでない。いまだおきていない破局の「前」の時点にある人びとのふるまいを実際に変えたという点が、最大のポイントである。

ノアの警告が当初、功を奏さず、人びとの行動が何ら変わらなかったのは、彼の語りや働きかけが先行する原因と後続する結果というフレームワークの内側、つまり、これからおきるかもしれない（しかし、おきないかもしれない）出来事を現在から未来の方向へ向けて「予測」してみようという通常のフレームワークの枠内にあったからである。これは、「まだ」を「まだ」として見るという、ごく日常的な時間感覚でもあり、「予測」という営みを根底から支えている枠組みでもある。しかし、一見至極当然で何の問題もなさそうに見えるこの構えに基づく説得が、必ずしも効果的ではないことを『灰をかぶったノア』は示唆している。

これに対して、ノアが灰をかぶった途端、つまり、「もう」破局的な出来事がおきてしまった事後の視点に立って語り、ふるまいはじめた途端、人びとの反応は激変し大洪水に対する備えを開始した。言いかえれば、ノアが、「まだ」おこっていない破局をあえて「もう」おきてしまったものとして、すなわち、「未来の既定化」を伴う（奇矯な）ふるまいを見せるという迂回路を経て、出来事の「前」に回帰してきたとき、人びとの行動に著しいベターメントが認められたということである。

要するに、「過去の未定化」は、現実に破局的な出来事を「もう」体験してしまった人びとが、その「前」を回顧的に振りかえることがもたらす効果に光を当てている。それに対して、ノアが人びとに与えた影響（「未来の既定化」）は、同じロジックを、時間軸上で、「過去と現在の間」から「未来と現在の間」へとスライドさせたときに生じる。すなわち、破局的な出来事を「まだ」体験していない人びとが、その「後」を先行的に先どりするときに生じる効果である。なぜなら、「もう」おきてしまった過去の破局の「後」の時点

（現在）に立って、未定化した過去（「まだ」何かをなしえたはずのあの頃）を見る操作を未来方向へシフトさせれば、「もう」おきてしまったものとして位置づけた破局の後の時点、つまり、既定化した未来の時点に立って、現在（「まだ」何かをなしえると思えてくるはずの今）を見る操作が得られるからである。

もちろん、本書全体のテーマである「予測」を含めて、自分や社会に生じるかもしれない破局的な出来事の事後に関する言説そのものは、ごくふつうに社会に満ちあふれている。第1節で言及した各種の災害予測、被害想定などもそうである。それに対して、「未来の既定化」とは、単に破局的な出来事の「後」について記述し「予測」するというだけでなく、「まだ」を「もう」としてという独特の構造を伴う特殊ケースである。「未来の既定化」を伴う特殊な予測では、未来の出来事は、徹底的に先どりされ既定化されて位置づけられる必要がある。「おこるかもしれないが、おきないかもしれない」といった程度の予測であってはならない。「次の災害が最悪想定でおきるとは限らないだろう」ではいけない。もちろん、それらは、現実には「まだ」おきてはいない。しかし、実際に「もう」そのようにおきてしまったものとして、まるで過去の出来事であるかのように徹底して確定的なものとして先取りされねばならない。

回避できないからこそ回避できる

「未来の既定化」がもつポテンシャルについては、フランスの哲学者ジャン=ピエール・デュピュイが提起した「賢明な破局論」が透徹した考察を提供している。

しかし、こうした専門家による『リスク論』の構築こそ、破局を考察することからもっとも目を逸ら

せるものなのだ。（渡名喜・森元 二〇一五、一二八頁）

デュピュイの思想の根幹をなすこの提起は、ノアの当初の呼びかけが必ずしも有効ではなかった事実と関係がある。つまり、「まだ」おきていない破局的な出来事を「リスク」――おこるかもしれないけれど、おこらないかもしれない事象――と受けとめ、事前のうちにその帰趨を「予測」し対処しようという呼びかけは至極当然に見えるし、これ以外の考え方はないとすら思える。実際、これは、ほとんどのリスク論で自明視されている基盤的前提（過去は既定的、未来は未定的）である。未来の「予測」をベースにして現在を変革すれば、未定的であるところの未来を変えることができる。よって、未来の破局の回避（軽減）は、現時点における理解（リスク認知）や行動（リスク回避・軽減行動）にかかっている。これらの認識は、ほとんどのリスク論が斉しく前提にしていると言ってよい。

しかし、『灰をかぶったノア』は、こうしたリスク論の常識の限界を指摘し、根本的な方向転換の必要性を示唆している。すなわち、「賢明な破局論」は、リスク論（それが自明視している未来の未定性）こそが、問題の元凶だと主張している。「今行動をおこせば、未来の破局は避けることができる」という態度こそが、破局的な出来事の回避を阻んでいるとの指摘である。「未来の破局を回避するために今のうちに予測しよう、今がんばろう」が問題の根っこだとの理解は、一見非常に奇妙であり、それどころか完全に倒錯・転倒した発想で、破局を避けるための努力を根こそぎ破壊してしまいそうに見える。しかし、そうではないのだ。

現在を変えれば、未来を変えることができる。ところが、未来には、できれば労せず回避したい破局が「予測」されている。このとき、リスク論は、リスク回避に有益なものと同時に、破局がおこる可能性を思考の外に置きざりにした限りで通用するタイプの言葉、予想、対策を大量に生み出してしまう。未来を未定的だと仮定している限り、破局がおこらない可能性はあるし、おこったとしても軽いものですむかもしれないと考えることも許されてしまうからである。

実際、東日本大震災で露呈した課題の多くは、「想定外」という言葉（前節「防災の「予測」が内包する二つの矛盾・逆説」も参照）で便利に語られたけれども、今一歩踏み込んで検討してみれば、それらは果たして「想定外」という用語で最も正確に写しとられる事態であったかどうか。文字通り、それまで想像もしなかった災害、微塵も「予測」しえていなかった破局がおきたというのではない。むしろ、私たちはその破局についてそれなりに知っていた（薄々「予測」し、懸念していた）。しかし、それが現実化する蓋然性が著しく小さいからとか、対策を始めると莫大な経費がかかりそうだからとかいった理由で「真に受けなかった」、つまり、「本気で信じていなかった」。そういう破局がおきたというのが実態であろう。

なぜそうなるのかが重要である。その元凶こそ、未来の未定性に基盤をおくリスク論である。たとえ深刻な「予測」をなしたとしても、その事態が未定的なものとして位置づけられている限り、それがおこらない方へと人びとが賭けてしまうことを完全に防ぐことはできない。そこまでひどい事態にはならないだろうとの「予測」に人びとが誘惑されることをトータルに遮ることはできない。「賢明な破局論」に言わせれば、リスク論には、「あくまでおこらなかったらよい（避けられたらよい）という希望があるにすぎない。しかし、この希望こそが、いまここでの義務からわれわれの気を逸らす」（渡名喜・森元 二〇一五、八八頁）。

それに対して、未来の破局が既定的なものとしてあらわれればどうだろうか。ノアの二度目の呼びかけのように、「まだ」おきていない大洪水を「もう」おこってしまったものとして提示できればどうだろうか。

『灰をかぶったノア』に描かれたように、おきることを前提にしたふるまいが、この今にあらわれるであろう。つまり、破局的な出来事は、それを避けるためにも、「まだ」おこるともおこらないともわからないものとしてではなく、逆説的なことに、「もう」おこってしまったものとして——「未来の既定化」を伴って——今にあらわれている必要がある。これがデュピュイの洞察である。こうして、「賢明な破局論」では、すべてのリスク論の根底にある一連のプロアクティヴな態度、事前の備え、予防原則など、通常無条件に仮定され積極的に望ましいとされている態度や姿勢こそが、むしろ逆に、破局的な出来事を私たちが回避できないでいる根本原因として断罪されることになる。

以上の考察は、本章のテーマである防災における「予測」に対して、第1節で指摘したものとはまた別の意味で重要な示唆をもたらす。「予測」は、その本性からして未定性と結託している。まだどうなるかわからないからこそ予測するのである。しかし、本節で検討してきたことは、それは事実だとしても、防災における「予測」は、未来の未定性という常識の枠内ではなく、そこに独特のひねり（「未来の既定化」）が加えられたときにこそ、大きな力を発揮する（場合がある）ことを示唆している。「予測」は、未来が未定であるからこそなされるのだが、しかし、それが成功裏に機能するためには、逆説的にも、「予測」された事象が予測されるまでもなく既定的なものとしてコミュニケートされねばならない場合があるのだ。この意味で、防災における「予測」は、第1節で見たものとはまた別の矛盾・逆説をはらんでいると言えるだろう。

3　「予測」を言葉にしつつ実現してしまう

言語行為論における基本的な考えの一つに、「記述文」と「遂行文」の区別がある（オースティン 一九七八）。本節では、この重要な区別を理論上の導きの糸にして、防災における「予測」が示すもう一つの矛盾・逆説について考える。なお、「記述文」は「確認文」と表記されることが多いが、本章では防災領域との接点をイメージすることが容易な「記述文」の表記を使うことにする。

「記述文」と「遂行文」

言語の主要な機能は、世界の記述にあるとふつうは思われている。実際、「これはワンちゃんだよ」、「彼はTomです」など、私たちが言語を習得する場面でまず思い浮かべる言語表現は、その多くが「記述文」である。

「記述文」では世界が基準であり、言語は基準とすべき世界に合わせてそれを記述する役割を果たす。言いかえれば、世界と言語との一致を、言語を世界の方に合わせる方向で、つまり言語を変えることによって実現する。サール（二〇〇六）が提起した鍵概念である「適合方向」（direction of fit）を使って表現すれば、《言語→世界》となる（図4-3）。世界と言語の間に不一致があれば、言語の方を変更して基準とすべき世界の方向へ向けて適合させていくというイメージである。例えば、当初、「それは鉛筆だ」と思っていたが、実は鉛筆型のチョコレートであることがわかれば、「それは（鉛筆ではなく）鉛筆型のチョコレートだ」と言語の方が変更されて、世界と言語の一致が確保される。

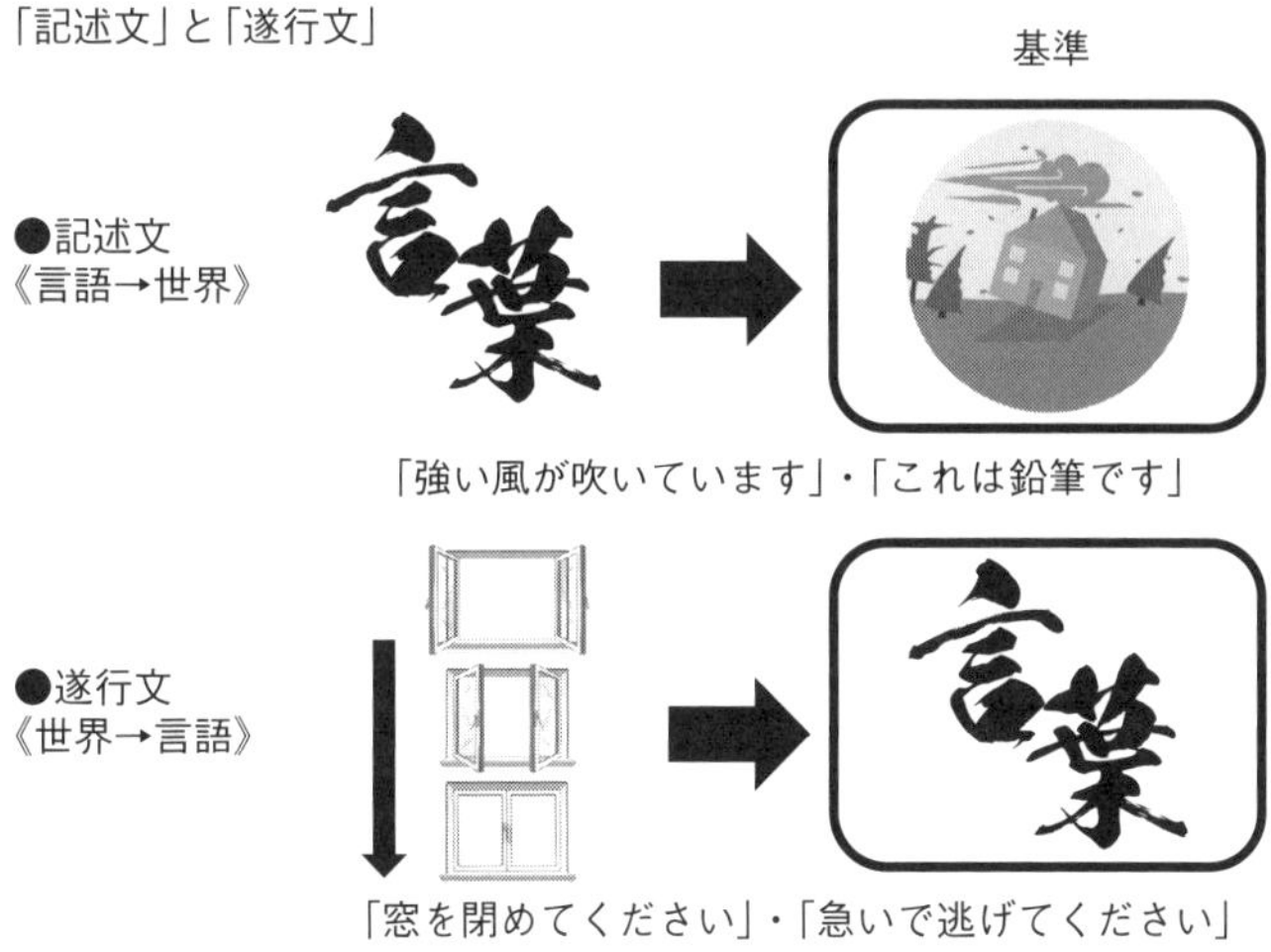

図4-3　「記述文」と「遂行文」

以上を踏まえると、台風の進路情報にせよ、想定される津波に関する情報にせよ、防災に関する「予測」情報の多くが、少なくとも原理的もしくは形式的には、「記述文」であることがわかる（ここで傍点を付した断り書きを入れた理由については後述）。すなわち、「台風一〇号は、今夜半には東海から関東沿岸に上陸ないし接近する恐れがあります」、「東北から関東の太平洋沿岸には、三メートルを超える津波が押し寄せる危険があります。各地の津波到達予想時刻は……」は、未来の世界の状態を「予測」し記述した「記述文」である。

　これらの予測情報は「記述文」であるから、仮に世界と言語の不一致があれば、言語の方を修正すること（《言語→世界》）で対応が図られることになる。「予想の津波の高さが修正されました、××県の沿岸では五メートル以上が予想されます」といった具合である。これは「記述文」の精緻化やその更新の迅速化にほかならず、防災業界で近年特に強力に推進されてきたことである。

次に、「遂行文」について見ておこう。言語の機能の一つが世界の記述であることは事実だとしても、また、「予測」のベースが記述文にあるとしても、言語は別の重要な働きをもっている。それは、「記述文」とはまったく別のタイプの言語表現、すなわち、「遂行文」に表れている。

「遂行文」の典型例は、「窓を閉めてください」といった命令・依頼である。ここで非常に大切なことは、「遂行文」では、「記述文」とはまったく反対に、言語が基準であり、基準とすべき言語に合わせて世界の方が変化する点である。言いかえれば、世界と言語との一致を、世界を言語の方に合わせる方向で、つまり世界を変えることによって実現する。再び、「適合方向」(direction of fit) を使ってこのことを表現すれば、《世界→言語》となる（図4-3）。世界と言語の間に不一致があれば、世界の方を変更して与えられた言語の方向へ向けて適合させていくというイメージである。例えば、「窓を閉めてください」という言語が与えられれば、それまで開放されていた窓が閉ざされて、つまり、世界の方が変更されることによって世界と言語の一致が確保される。

この点を踏まえれば、防災に関する情報の中でも、避難指示・勧告などは、少なくとも原理的もしくは形式的には、「遂行文」であることがわかる。なぜなら、それらの情報（言語）は、世界の状態を、避難がなされていない状態から避難がなされている状態へと変更せよという命令・依頼だからである。つまり、世界と言語の不一致を、世界の方を変更する（実際に避難する）ことを通して解消することを促す言語表現だからである。

災害の「予測」情報が抱える問題点

防災分野で活用される二つの典型的な情報、つまり、各種のハザード予測情報、および、避難指示・勧告の形式がそれぞれ、「記述文」と「遂行文」に相当することを見てきた。しかし、現実には、この双方について深刻な問題点が多々指摘されている。有り体に言えば、それらが被害軽減に十分貢献していないという問題点である。

まず、「記述文」の課題について見ておこう。「地震後に理論が冴える地震学」という川柳がある。これは地震学の権威による作品で、自らの研究領域に対する自虐的な誇りのようなものを垣間見ることができる。それはともかく、防災領域における「予測」では、世界の状態変化に先行して、その変化を「予測」した「記述文」を発することができず、事がおきた後になって、ようやく「未知の分枝断層があった」、「線状降水帯の影響だ」といった「記述文」が多数登場する事実（事後説明、後追い記述）に対する一般市民の素朴な不信感が、この川柳にはうまく表現されている。

「記述文」は、世界と言語との不一致を言語の方を変えることで解消するのだから、もともと、後追い的な性質をもっている。世界の状態を十分に記述しきれなかったことが判明したからこそ、それを受けて、その事後に、言語（説明）の方を修正して別の言葉に写し取っていく段取りになるのがふつうである。その意味では、先の川柳にこめられたタイプの批判は、「記述文」の宿命とも言え、「所詮そういうものだ」と開き直ることもできるかもしれない。

しかし、川柳に表現された一般の人びとの違和感に真摯に目を向ける必要もあろう。すなわち、繰りかえされる被害を前に、「記述文」の充実（精緻化と迅速化）で対応しようとしてきた従来のアプローチが、何か根本的な履き違いをしているのではないかと疑ってみることも重要である。被害軽減という目標に照らせば、本来、「予測」研究が最終目標とすべきは、被害軽減に直結する「遂行文」の実効性向上であり、また、それに資する「予測」の提供であるはずだ。ところが、「遂行文」との接点を棚上げしたまま、「いずれはそれに結びつくはずだから」という確たる根拠なき見通しに基づいて、「記述文」の改善に終始してきたことは果たして真っ当な戦略だったのだろうか。

次に、「遂行文」の課題に関する問題について考えてみよう。それは、避難指示・勧告（という「遂行文」）が発令されているにもかかわらず避難する人びとが少ないという、単純だが深刻な問題である（例えば、矢守 二〇一三）。なぜなら、これは、端的に言って、「遂行文」（命令・依頼）がまともに機能していないことを意味しているからである。

しかも、この問題に拍車をかけているのが、避難指示・勧告の評価のあり方に見られる歪みである。避難指示・勧告は「遂行文」なのだから、その評価は、その「遂行文」によってもたらそうとした世界の状態（人びとの避難）が実現したかどうか（だけ）を通してなされるべきである。しかし、実際には、そうなっておらず、避難勧告・指示（「遂行文」）を発令したかどうかという基準によって評価が行われがちである。しかも、さらに悪いことに、この事実への反動から、「発令せずに批判されるよりは、とりあえず発令しておこう」といった態度が発令主体である自治体に醸成され、避難指示・勧告が現実的な実効性に疑問を抱かざるを得ないほど多くの人びとを対象に連発される事態も生じている。

「記述文」と「遂行文」の横断・融合

問題解決へ向けた一つの糸口は、「記述文」と「遂行文」が、形式的にはいざ知らず、実際的には明確に二分することはできず横断・融合する点にある。例えば、「この部屋、寒いですね」という発話は、形式的には「記述文」であるし、実際に「記述文」である場合も多々あるだろう。しかし、この発話がある種の〈コンテキスト〉に置かれ、ある〈関係性〉をもった当事者の間で発せられれば、この発話がそれ自体単独で「窓を閉めてください」という「遂行文」の機能を発する場合があることも明らかである。

以上を踏まえると、例えば、先に取り上げた「台風一〇号は、今夜半には東海から関東沿岸に上陸ないし接近する恐れがあります」も、この発話形式だけを根拠に、描速に記述文だと見なすことはできないことになる。該当箇所で、原理的もしくは形式的には、と注記したゆえんである。つまり、この「記述文」の形式をとった「予測」が、実際には、例えば、警戒体制を敷くとか、早めに避難するとかいった行為を聞き手に促すための「遂行文」として機能する場合はもちろんありうる。したがって、この種の予測情報が、形式的には記述文であるが機能的には遂行文にもなりうることを踏まえつつ、（形式的な）記述文としての予測情報の遂行的性格をより高めるために実践的には何をすればよいのか、そのための具体的方法を見いだすための研究を今後は重視すべきだと思われる。

具体的な事例をあげておこう。矢守（二〇一六b）は、「二〇〇〇年の東海豪雨に匹敵する大雨が予想されます」といった固有名詞付きの「予測」情報の特殊な効果について言及している。個別のケースに関わる賛否両論があることはともかくとして、こうした固有名詞を伴う災害情報は、ある対象（例えば、現在の雨の様子）を特定の名称で指示しているだけであるから、形式的にはまさに「記述文」である。しかし、それは

「時間雨量何ミリに達する見込み」、「××川、数時間後には氾濫危険水位に到達する危険」といった、対象をより詳細に記述するタイプの「記述文」はもとより、「ただちに避難してください」といった「遂行文」よりも、はるかに大きな遂行的能力（避難を促す力）を発揮する場合がある。こういった事例は、形式的な「記述文」（予測情報）にも防災情報として大きなポテンシャルがあることを示していると同時に、旧来の思考法――より速く、より細かく情報（記述文）を伝えること――だけにとらわれた対策では、問題解決は期待薄であることをも示唆している。

「遂行文」にも改善の余地はある。「～と命令する」、「～と指示する」など、一般に遂行動詞と称される語句を伴った文（発話）、つまり、形式的な「遂行文」が、常に首尾よく目的を達成できるかどうかは保証の限りではない。事実、先に「災害の「予測」情報が抱える問題点」として指摘したように、避難指示・勧告の効き目は芳しくない。このとき、直ちに思う浮かぶ解決法の一つが遂行への圧力強化である。近年社会的な注目を集めた事例で言えば、「逃げてください」ではなく「避難せよ！」などと、用語や口調の変更によって「遂行文」の遂行的性格をより強く押し出すという手法（命令口調の使用）である。

この種の手法については、東日本大震災における茨城県大洗町の事例など、一定の効果をもたらしたとの報告もある（井上 二〇一一；二〇一二）。またその教訓は、その後、NHKの緊急報道における呼びかけの改善にも一部生かされている（福長 二〇一三）。ただし、注意すべきこともある。それは、こうした効果は単純に発話の文体や口調だけに依存したものではないという点である。むしろ重要となるのが、上で〈コンテキスト〉や〈関係性〉と記した点である。実際、ある種の〈コンテキスト〉に置かれ、ある〈関係性〉をもった当事者の間で発せられれば、「記述文」ですら、いとも簡単に「遂行文」としての効力を発揮する場合もあるのだった。

これを踏まえるならば、「遂行文」の改善策の一つとして位置づけうる命令口調についても、それが効果を発揮するだけの〈コンテキスト〉や〈関係性〉づくりが大切だとわかる。例えば、NHKのアナウンサーは、通常の放送では、滅多に命令口調を使用しないという事実自体も、それが効力をもつための重要な〈コンテキスト〉になっている。言いかえれば、真に注目すべきは、命令口調の使用ではなく、（通常時における）徹底した不使用の方だとも言える。

また、大洗町の事例では、命令口調だけでなく大洗町内の具体的な地名（固有名詞）が避難の呼びかけに使われるなど、呼びかける者も自分たちと同じ町内にいると聞き手が受けとっていたという〈コンテキスト〉が重要な役割を果たしたと考えられる。つまり、東京の放送局のスタジオなど安全圏からではなく、同じ津波の脅威に直面する当事者から命令口調で呼びかけが発せられていると聞き手には受けとられていたことが重要なのだ。こういった〈コンテキスト〉や〈関係性〉があいまって、「避難せよ」がもつ遂行的な力を強化したものと考察できる。

このように、言語行為論は、防災に関する予測情報を、世界の（現在あるいは未来の）状態を記述する「記述文」（その精度に関わる議論）の領域に閉塞させることなく、情報をめぐるやりとりが全体として構成するコミュニケーション行為の効力という観点から見つめることを可能にしてくれる。この観点に立つならば、〈コンテキスト〉や〈関係性〉へ配視することなく、また、「記述文」と「遂行文」の間のもつれに関わる問題にメスを入れずして、あるいは、「記述文」の精度や伝達速度だけを高めても、さらには、「遂行文」の強度を一見無条件に強化するかに見える文体や口調を採用してみても、それだけでは真に有益なコミュニケーションは実現しない。このように見立てることができるだろう。

結　論──「予測」の不思議なふるまい

防災における「予測」が示す、それぞれ別々の矛盾・逆説として、本章第1節から第3節で独立に論じてきた三つの論点について、最後に、第一節で導入した〈主体的なエージェント〉、〈客体的なオブジェクト〉という用語を縦糸にして相互の関係性を明示しながら、これまでの議論を総括しておこう。

第1節では、防災における予測が内包する二つの矛盾・逆説について述べた。すなわち、防災における予測においては、自らも常に被害予測の一班である（潜在的には、「予想される死者数」のうちに自分自身がカウントされている）という事実に象徴的にあらわれているように、人間は、予測にとって〈客体的なオブジェクト〉である。しかし同時に、人間は〈主体的なエージェント〉として、被害予測そのものを「外す」ことを期待されているし、また、その期待のもとに予測は社会にコミュニケートされている。これが、第一の矛盾・逆説であった。

加えて、〈客体的なオブジェクト〉の範囲内に議論を絞ったとしても、「想定外」に対処することが内包する矛盾や困難を考えれば明らかなように、防災における予測は、原理的に、予測が「当たる」ことではなく「外れる」こと、言いかえれば、予測の努力を裏切る「想定外」の異常事態をこそ──何らかの意味で──予測することを志向しなくてはならない。これが、第二の矛盾・逆説であった。

第2節では、「予測」において未来がもっている性質について考えた。ふつう、未来は未定的だと考えられている。まだどうなるかわからないからこそ、また、今から何とかなると想定できるからこそ予測するのである。しかし、防災における「予測」――より厳密には、極端に破局的な出来事に対する〈主体的なエージェント〉としてのふるまいを人に喚起するための「予測」――を成功裏に成しとげるためには、逆説的にも、「予測」された事象が、未定的な事象ではなく、そうなるほかないような既定的な事象として、つまり、「未来の既定化」を伴ってコミュニケートされねばならない場合がある。このことを指摘した。

この指摘は、実は、第1節で見た第一の矛盾・逆説を、再度、反対方向に折り返したような構造をもっている。なぜなら、第1節では、人間は、防災における「予測」において〈客体的なオブジェクト〉として災害のなすがままになるのではなく、〈主体的なエージェント〉としてもふるまうことができるし、そのように期待されているとのトーンないし方向性で、この矛盾・逆説について言及した。それに対して、第2節における「未来の既定化」は、このベクトルを逆向きに置いた形になっている。なぜなら、「未来の既定化」とは、「予測」された否定的な結末（破局的な出来事）を回避すべく〈主体的なエージェント〉として成功裏に行為するためには、（いったん）その予測結果を不可避のものとして受け入れねばならないこと、つまり、自らを「予測」における〈客体的なオブジェクト〉として位置づける必要があることを意味しているからである。なお、この矛盾・逆説の詳細なからくりと解消法については、矢守（二〇一八b）を参照されたい。

第3節では、言語行為論における「記述文」と「遂行文」の区別に立脚して、防災における「予測」情報が抱える問題点とその克服法について論じた。ここで指摘しておきたいのは、両者の区別が、ほぼそのまま、「予測」における〈客体的なオブジェクト〉と〈主体的なエージェント〉の区別に対応しているという事実である。防災分野における「記述文」の代表例が、津波高予測、予想死者数といった各種の「予測」情報であり、そこでは、自然現象は言うまでもなく人間もまた、「予測」における〈客体的なオブジェクト〉である。これに対して、防災分野における「遂行文」の代表例が、避難指示・勧告であり、そこでは、人間は、まさに〈主体的なエージェント〉として何ごとかを遂行することが明示的に、陽に要請されているわけだ。

しかしながら、ここにも、別の意味での「予測」の矛盾・逆説が存在した。例えば、「予測」の実現を明示的に、陽に求める「遂行文」が機能しないことが多々見受けられる（避難指示・勧告が出ても、多くの場合、人は逃げない）一方で、単純素朴な「記述文」が――もちろん、それなりの条件下でという限定つきであるが――絶大な遂行能力を発揮する場合もあった。「記述文」と「遂行文」の関係、言いかえれば、予測における〈オブジェクト〉と〈エージェント〉の関係には、ほぐしがたいねじれが存在している。なお、本章では触れられなかったが、実は、これに関連して、「記述文」と「遂行文」の中間的な性質をもつ独特の文体、すなわち、「宣言文」の形式（「これで会議を終わります」など）をとった防災情報の有効性に近年注目が集まっている。この点については、矢守（二〇一六c）を参照されたい。

本章の冒頭で提示し、ここでまた総括の作業に援用した〈主体的なエージェント／客体的なオブジェクト〉という鍵概念に表現されているように、防災における「予測」は両義的な営為である。それが、「予測」の矛盾・逆説として露呈する。それは、もとをただせば、私たちが未来に対してもつ態度が本質的に両義的だからである。アクションリサーチ――まさに未来を予測し、未来を変革するための実践的研究＝研究的実践――について論じた矢守（二〇一八c）で引いたフレーズをここでも借用すれば、私たちは、「歴史をつくる者」として世界に関わることもできるし、「歴史につくられる者」として関わることもできる。つまり、私たちにとって、未来は、目的論的に形成していくものである。しかし同時に、それは過去からの因果連鎖によって既定済みのものでもある。両者の狭間で生じる「予測」の両義性とそこから生じる不思議なふるまいを常にしっかり見つめ、それと賢くつきあっていかなければならない。

参考文献

井上裕之 二〇一一：「大洗町はなぜ「避難せよ」と呼びかけたのか――東日本大震災で防災行政無線放送に使われた呼びかけ表現の事例報告」『放送研究と調査』六一巻九号、三二―五三頁。

井上裕之 二〇一二：「命令調を使った津波避難の呼びかけ――大震災で防災無線に使われた事例と、その後の導入検討の試み（東日本大震災から1年）」『放送研究と調査』六二巻三号、二二―三一頁。

大澤真幸 二〇一二：「ジャン＝ピエール・デュピュイ「灰をかぶったノアに人々は協力する」」『3・11後の思想家25』大澤真幸編、左右社、二三九―五五頁。

オースティン、J・L 一九七八：『言語と行為』坂本百大訳、大修館書店。

高知県 二〇一三：「高知県版南海トラフ巨大地震による被害想定について」。http://www.pref.kochi.lg.jp/soshiki/010201/higaisoutei-2013.html（二〇一八年三月二一日閲覧）

サール、R・J 二〇〇六：『表現と意味――言語行為論研究』山田友幸訳、誠信書房。

杉山高志・李旉昕・孫英英・矢守克也・鈴木進吾・西野隆博・卜部兼慎 二〇一六：「避難訓練支援アプリ「逃げトレ」の開発と評価――大阪府堺市の津波避難訓練を事例として」『電子情報通信学会技術研究報告＝IEICE technical report：信学技報』一一六巻一八五号、一一五―二〇頁。

福長秀彦 二〇一三：「メディアフォーカス――津波警報・NHKが強い口調で避難呼びかけ」『放送研究と調査』六三巻二号、七六頁。

矢守克也 二〇一三：『巨大災害のリスク・コミュニケーション――災害情報の新しいかたち』ミネルヴァ書房。

矢守克也 二〇一六a：「二つの短歌と巨大想定」『天地海人――防災・減災えっせい辞典』ナカニシヤ出版、八三―五頁。
矢守克也　二〇一六b：「固有名詞という災害情報」『天地海人——防災・減災えっせい辞典』ナカニシヤ出版、一一〇頁。
矢守克也　二〇一六c：「言語行為論から見た災害情報——記述文・遂行文・宣言文」『災害情報』一四巻、一—一〇頁。
矢守克也　二〇一八a：「〈Days-Before〉——「もう」を「まだ」として」『アクションリサーチ・イン・アクション——共同当事者・時間・データ』新曜社、九七—一一二頁。
矢守克也　二〇一八b：「〈Days-After〉——「まだ」を「もう」として」『アクションリサーチ・イン・アクション——共同当事者・時間・データ』新曜社、一一三—一四五頁。
矢守克也　二〇一八c：「アクションリサーチの〈時間〉」『アクションリサーチ・イン・アクション——共同当事者・時間・データ』新曜社、七五—九六頁。
矢守克也・杉山高志・李旉昕　二〇一七：「「想定外」への対応とは（その1）——「コミットメント」と「コンティンジェンシー」」『日本災害情報学会第一九回学会大会予稿集』八四—五頁。
渡名喜庸哲・森元庸介　二〇一五：『カタストロフからの哲学　ジャン＝ピエール・デュピュイをめぐって』以文社。

Ⅱ 未来のエコロジー

——予測モデルの動態

第5章　感染症シミュレーションにみるモデルの生態学

日比野愛子

1　モデルの基盤

複雑な社会現象をクリアに記述するモデルを生成することは、科学者にとって一つの大きな夢であるかもしれない。しかし、モデルがつくられていく実践の渦中を眺めるならば、モデルのあり方は一つに定まらず、実に様々なモデルの変異体が生じうる。同じ対象を扱うモデルであっても、ある場所で良いとされるモデルが別の場でそのまま採用されるとは限らない。また、社会現象に関するモデルの形成は入手できるデータにも大きく左右される。必要なデータが手に入らないようであれば、限られたデータの中からモデルをつくるしかない。一方、データがふんだんに得られるような題材に関してはモデルの姿もより複雑になっていくと予想される。

研究室の実践のさらにその外に目を向けてみると、数理モデルやそれをもとにしたシミュレーションが示す未来予測に期待が寄せられることもある。しかし、未来を映す「魔法の水晶玉」への期待は、予測が裏切られた途端にたやすく不信へと転化する。そもそも危機発生に対処する実務の場面では必ずしも高度なモデルが求められるとは限らない。

このように、モデルがどのように生成されるのか、そこからどのようなシミュレーションが実施されるのか、そしていかなる情報が予測として流通していくのかについては多様な展開がありうるもので、それこそ予測不能である。社会という環境の中ではじめてモデルが生息するパターンは定まっていく。本章では、数理モデルをいうなれば一つの生物種になぞらえ、あるモデルが育っていくための社会的・技術的な基盤を明らかにすることをねらいとする。

本章では、主として感染症に関する数理モデルとシミュレーションを取り上げる。感染症流行（エピデミック Epidemic）の予測は、公衆衛生上大きな課題であり、疫学や統計学領域でもその達成が求められてきた（西浦・稲葉 二〇〇六）。感染者人口を時系列にそって導くモデルはある程度定式化されており、その有効性も確認されている。一方、近年の社会シミュレーションでは、一つ一つの個体を個別の自律した主体（エージェント）として設定し、それらエージェントが複数集まった際に生じる全体的挙動を捕えるエージェント・モデルにも注目が集まっている。こうしたより広範な社会シミュレーションの動きも視野に入れながら、関係者へのヒアリングをもとに、感染症モデルの姿や政策接続にともなう現実的な課題に迫ってみたい。

2　感染症のモデルをつくる

感染症の数理モデル

私たちの社会で予測モデルが活用されている領域といえば、まずは気象が挙げられるだろう。気象予測と感染症予測が異なる点は、第一に、一般社会の中での技術の成熟度である。気象予測は一般の人々の間にも情報が流通し、表現の方法もある程度定まっている。一方、感染症予測は現在のところ専門家向けに情報が流通しており、その中でも技術の活用法が十分に固まっているわけではない。第二に、感染症予測は、未来図の単なる可視化にとどまらず、政策介入の効果を測定するために使われることが多い[1]。例えば、学級閉鎖やワクチン接種がどの程度感染規模を抑え込めるのかをシミュレートするケースが挙げられる。第三に、感染症予測では、「予測の語り」から政策・社会へのフィードバックが、ある程度限定された地理的範囲の中で実行されていく。第1章（福島）でも解説している通り、語りとして発せられた予測は、その語りをもとに何らかの対応策が講じられ、成功した暁には問題の解消——感染症の場合は流行の抑え込みがなされる。感染症課題は、気候変動のようなグローバルかつ長期的な範囲で予測と社会が相互作用する課題に比べると、比較的ローカルかつ中期的な範囲の中で予測の語りの力が及んでいく。感染症予測のこうした位置づけを踏まえた上で、もうすこし具体的にモデルの内容に踏み込んでみよう。

感染症の流行に関し、代表的なモデルとして言及されるのが、「ＳＩＲモデル」である。ＳＩＲモデルは感染症の伝播における、感染者数の変動を得る。Ｓ（Susceptible 感染可能人口）、Ｉ（Infected 感染者人口）、Ｒ（Recovered 回復者人口）について、Ｓ、Ｉ、Ｒそれぞれの関係性を方程式で定式化し、微分方程式を解くことで、流行が時間の経過にともないどのように発展するかを表していく。

感染症流行の予測モデルはSIRモデルを基本としながら、現実の複雑な現象に近づけるための拡張が進んできた（西浦・稲葉 二〇〇六）。オーソドックスなSIRモデルはきわめてシンプルであり、例えば地理空間の情報は含まないし、対象集団を均一と見なす。きわめてシンプルではあるが、現象の理解のために有効であるとして多くの研究の出発点となっている。感染症モデルを拡張するためにはいくつかの方向性があり、例えば「不確実性の表現（決定論的か、確率論的か）」、「地理空間的要素」、「対象集団の不均質性」などの事項が検討される（Garner and Hamilton 2011）。現在、モデル研究も進展しており、研究者は感染症のメカニズムや得られるデータの状況に応じて細かくモデルを使い分けることができる。例えば、モデルに地理空間の要素を取り入れてリアリティを持たせたい場合、対象となる人間集団を居住地域に応じていくつかのクラスターに分け、それぞれを個別にモデル化するような拡張がありうる（西浦・木下 二〇一五）。

前に述べた事項のうち、とりわけ「不確実性の表現」はモデルが社会に接続していく際にカギとなると考えられる。ある現象を決定論で処理するか、確率論で処理するかによって、未来の予測の表現方法は異なる。一般に決定論的モデルでは一つの未来の値を予測する。一方、確率論的モデルは、未来のとりうる複数の状態を表現し、それぞれの状態を期待値の濃淡で表す。こうした不確実性の表現の違いが、予測の社会活用にどのような意味を持つのかについては、第3節で事例を紹介し、検討してみたい。

エージェント・モデルの勃興

SIRモデルは感染症流行を捉えるために構築されてきたモデルである。これとは異なる文脈で、近年、社会で生じる様々な現象をシミュレーションの俎上に載せるエージェント・モデルが脚光を浴びている。エージェント・モデルは複雑系や人工知能研究をそのルーツとする。自律的にふるまう複数の主体（エージェント）を仮想空間上に設定し、同時進行的に各々のルールを実行させるモデリングの手法である（ギルバート・トロイチュ 二〇〇三；石田 二〇〇五）。エージェントが相互作用することで現れる全体的なふるまいを観察できるのが特徴である。エージェント・モデルは、金融や交通、避難行動（防災）、感染症のような課題に対して応用できるのではないかと構想されている（cf. 科学技術振興機構 二〇一五）。

エージェント・モデルはこれまでの感染症予測モデルで検討しにくかった地理空間的要素を考慮できる強みを持つ。一方、一人一人の行動パターンを処理するため、規模によっては膨大な計算量をともなう。スーパーコンピューターを用いたインフルエンザ・シミュレーションの構想が日本では発表されているほどだ(2)。

科学哲学家のワイスバーグ（二〇一七）にならうと、これまでのＳＩＲモデルが「数理モデル」だとして、エージェント・モデルは「数値計算モデル」と見なすことができ、モデルとしての性格は少々異なる。前者がシステムの「状態の構造」を数式で抽象化するのに対し、後者では、「手続きの構造（アルゴリズムの構造）」を抽象化する。別の側面から述べると、ＳＩＲモデルはある集団を一つのユニットの全体としての変化を方程式で記述する。一方エージェント・モデルは、一つの個体を一つのユニットとしてその挙動を設定し、計算を走らせ、全体としての挙動を複数回観察する。したがって、方程式そのものよりも、シミュレーションを走らせるためのアルゴリズムがモデルの核となる。エージェント・モデルは一九八〇年代頃に比較的新しく登場したこともあり、科学哲学や科学史の文脈でこれをどのように位置づけるかはいまだ議論の途中である。感染症モデルを扱う研究者自身のレビュー（前述の西浦・稲葉や、Garner and Hamiltons のレビュー）でもエージェント・モデルの位置づけはそれほど明確ではない。また科学者の活動の中で様々な感染症モデルがどのように実践されているかをインタビューで探った中でも、両者にそれほど大きな対立点はみられなかった。ただし、エージェント・モデルを活用する科学実践は「仮想世界のパッケージ化」をめざすようにも見受けられる。

3　強力な武器同士の協力？――感染症介入政策に数理モデルが活用された事例

冒頭、感染症疫学の分野では数理モデルの有効性が示されていると述べた。ただしそれらの多くは過去に生じた感染症の発生者数データをもとにしたＳＩＲモデルの構築であり、いわば過去を向いたモデル化である。一方、感染症の流行が広がる際にリアルタイムで数理モデルを活用する事例はまだ少ない。

その例外が、口蹄疫パンデミック（世界流行）に対してモデルを活用したイギリスのケースである。イギリスでは二〇〇一年に口蹄疫パンデミックの災禍に見舞われた際、家畜の殺処分を行うかどうか意思決定を下すために数理モデルが活用された。アウトブレイク（集団発生）が起こったまさにその最中にモデルが参照されたのである。ネルリッヒ（Nerlich 2007）のまとめにそって経緯を追ってみよう。

口蹄疫は、口蹄疫ウイルスが原因で偶蹄類の家畜がかかる病気である。成長した家畜であれば口蹄疫にかかったとしても死亡率は数パーセント程度にすぎない。しかしこの病気はウイルスの伝播力が非常に強く、経済的な損失が大きい。イギリスで二〇〇一年二月に確認された口蹄疫アウトブレイクは二〇〇一年九月まで続き、最終的に一〇〇万頭以上の家畜が殺処分される事態となった。イギリスの対策本部は、アウトブレイク当初、ワクチン接種や自然治癒を待つ従来通りの対処方策をとっていたものの、三月にコントロールが不可能と判断し、専門家チームによる感染症の数理モデルを参照している。

このとき三つの機関から四つの専門家チームが結成され、それぞれが異なるモデルを動員した。インペリアルカレッジのチームは、決定論的モデルを用いてシミュレーションを行った。ケンブリッジ大学、エディンバラ大学の混成による二つのチームは、確率論的モデルを用い、空間的要素を含めるモンテカルロシミュレーションを実施した。イギリス農漁食料省（ＭＡＦＦ）チームも確率論的モデルを用いており、こちらはミクロシミュレーションを進めている。

政策介入のツールとして採用されたのはこれらの中でも決定論的モデルであった。ただしそれは決定論的モデルの結果が唯一正しかったことを意味するわけではなく、介入に利用する中心的ツールとして適切と見なされたという意味合いが強い。四チームのモデルが導き出す結論は共通しており、感染症が発生した農場の周囲三キロメートル以内の家畜の全殺処分が有効である、とする主張を四者ともが提出していた。ワクチン接種や自然治癒を待つのではなく、「全殺処分」が有効だと評価され実行に移される。ただしこの政策に対しては、数理モデルの誤用であり、健康な動物も多数処分され被害をむしろ拡大させたと、後に批判も向けられている（Nerlich 2007; Kitching et al. 2006; Mansley et al. 2011）。

介入政策に数理モデルを用いる取り組みは当時のイギリスにとってもセンセーショナルだったようだ。数理モデルの活用はマスメディアでも報じられ、「（モデルは）強力な武器」、「（開発者は）戦士」といったメタファーがメディアに登場する。しかし、その後アウトブレイクのコントロールがなかなか進まない状況の中で

「(モデルは)伝染する病気」、「(モデルは)幻想」など、モデルに対するあからさまな失望を伝えるメタファーが報道の多数を占めるようになっていく。

ネルリッヒが注目したモデルのメタファー研究も興味深いが、本章の問題関心からみてより注意を払いたいのは、アウトブレイク渦中の政策決定過程にみられたモデル同士の関係性である。この事例では、複数チームから提出された複数のモデル(とそこからのシミュレーション結果)が競合させられている。ただしそれは、正しさを互いに競わせるのが目的ではなく、政策の方向性を複数のモデルによって固めていくプロセスであったと解釈できる(Nerlich 2007)。結果として支配的なツールとなったのは、分かりやすく現象を単純化する決定論的モデルであった。モデルの社会実装では、可視化の方法も重要となることをこの先行事例は示唆している。(3)

4　数理モデルのエコロジー

現在、感染症の領域にはいくつかの数理モデルが登場し、政策活用も一部進みつつある。ここからは、モデル作成に携わる研究者へのヒアリングをもとに、感染症予測モデルの現在進行形に迫ってみたい。本節では、以下の三点に注目する。第一に、感染症モデルのバリエーションについて、第二に、モデル作成におけるデータの重要性について、第三に、モデルが政策に接続する際の障壁について注目する。

モデルのバリエーション

感染症と一口にいっても、インフルエンザのような馴染みのある病気から、ＳＡＲＳ（重症急性呼吸器症候群）、エボラ出血熱といった世界を震撼させた病気まで、多様なものが存在する。対象とする感染症のメカニズムに応じてモデリングや予測の様子は大きく異なっており、メカニズムに応じてモデルを立てる重要性については研究者コミュニティも共有している（西浦・稲葉 二〇〇六）。ここでは、単独の研究室の中でモデルのバリエーションが生じている例を紹介してみよう。

国立台湾大学で地理情報科学を専門とする温在弘氏の研究室では、様々なシミュレーション研究を展開している。交通や感染症、そして感染症の中でも新型インフルエンザ、デング熱、ＨＩＶなどを扱っている。例えば二〇〇九年に話題になったＨ１Ｎ１新型インフルエンザに対して、ＳＩＲモデルによるシミュレーションを適用している。このシミュレーションによる予測は、実際に各病院でのワクチンやマスクの備蓄数を決定するために活用されているという。

しかし、温研究室は感染症の中でもデング熱に対してシミュレーションを適用する計画はない。実施しているのは、統計分析を用いたデング熱の感染をめぐる社会経済要因の特定である。インタビューの中では統計分析とシミュレーションとの違いが強調されていた。統計分析は原因と結果の関係性を導き出すのが主眼であるのに対して、シミュレーションは原因と結果との対応関係が不明な、複雑な現象に対して適用される。

温研究室ではエージェント・モデルも活用しているが、その対象は感染症ではなく、交通の問題に限っている。例えば自転車配置のシミュレーションの例がある。台北市ではユーバイク（YouBike）といって市内各地域に配置されたステーションから自転車を借り、別のステーションに自由に返却できるレンタサイクルのシステムが二〇〇九年頃より発達している。エージェント・モデルではそれぞれの自転車をエージェントとし、実際の台北市を模した仮想地理空間の中で自転車の移動を再現することになる。シミュレーションの実施により、どのステーションにどの程度の数の自転車を配置するのが適切かを導き出せるという。

一般に、社会シミュレーションを扱う研究室の特徴として、複数の手法、複数のトピックを横断的に扱っている傾向が強いようだ。このとき、ある手法と扱うトピックの組み合わせは、必ずしも私たちが想像しやすい意味のカテゴリーに対応しているわけではない。例えば、温研究室ではインフルエンザの伝播を解き明かすのと同様のアプローチで肥満の伝播を調べている。モデル作成の次元では、同じ感染症であるインフルエンザとデング熱の類似性よりも、インフルエンザと肥満の類似性の方が高いといった事態も出てくるのである。

一方、感染症の予測モデルでは、地域の特性に応じてもモデルのバリエーションが生じる。台湾では、CDC（疾患予防管理センター）がインフルエンザ感染症の対策のため欧米の感染症予測モデルを適用しようとしたがうまくいかなったという（インタビュー1）。その詳細な理由は明らかではないが、別の専門家の推測によれば、インフルエンザの感染では気温のような環境変数も重要であり、平均気温が異なる欧米と台湾では伝播の様態が異なってくる可能性がある。研究者にとってはすでに存在するモデルを個別の地域向けに調整しローカライズするよりも、むしろその地域に特化したオリジナルなモデルを構築する方がやりやすいようだ（インタビュー2）。逆にローカルな地域を対象としたモデルから、より汎用的なモデルへとモデルを拡張する際にも困難が存在する。日本の例では、市区町村レベルの範囲で作成した感染症流行モデルを全国レベルに調整するには、全国規模の地域移動の情報などを組み込む必要があり、変数の設定に非常な労力がかかるという(4)(インタビュー3)。

感染症の予測モデルがバリエーションに富む、ということは、科学コミュニティ側の運営戦略に独特の困難をもたらすことにもつながる。研究対象と手法がともに多様であるとは、共同体としてのアイデンティティ形成や、人材育成にそれ相応の工夫や戦略が求められることを意味する（日比野 二〇一六）。感染症モデルの研究そのものは普遍性を持つとはいえ、応用は個別の地域で進められるため、人材育成はモデルの生態に重要な要素となってくるであろう。

モデルをメンテナンスするデータ

ヒアリング調査からみえてきたのは、感染症にかかわるモデルやシミュレーションの構築にとって、データの取得可能性が非常に重要である、という点である。ここで注意したいのは、感染症モデル・シミュレーションの研究者が言及する「データ」とは実世界の活動が何らかの形で数値化されたものであり、彼らはそれを「リアルデータ」と呼んでいる。シミュレーションの中には条件設定を施しあくまで仮想的な状況で実施するものも存在するが、これは、リアルデータによるシミュレーションと区別されている。

さて、前項で紹介した溜研究室の一番の研究関心はデング熱感染症に置かれている。他方溜研究室ではエージェント・モデルの方法論についても精力的に研究を進めている。となると、デング熱のテーマをエージェント・モデルの手法で研究することはないのだろうかと疑問が浮かぶ。しかし温氏によると、デング熱感染症にエージェント・シミュレーションを適用するのは困難であり、進めていないという。デング熱とは蚊が媒介して感染する病気である。まずエージェントが何であるのかが判然としない。そして、蚊の行動にかかわる基本データがないため人と蚊のインタラクションについてモデルの形成がかなわない。

（シミュレーションで難しいのは何か、という筆者の問いに対しての答え）物理的なプロセスが分からないこと。デングシミュレーションを進めるために私たちは重要な変数、例えば、蚊が人々を噛む頻度などについて知る必要があるが、分からない。（原文英語）

興味深いことに、日本で感染症のエージェント・シミュレーションを進めている研究者も同様の困難を語っていた。

根本的にインフルエンザだと、せきをした人の一回の咳に対してどれぐらいの菌がそこに入ってるのかみたいな話になってきて。大人だと（咳が）これくらい飛ぶというのは分かってるんですけど、それに曝露量入れて、かつ、前にいた人が呼吸をしてどの程度受け取るのか、その蓄積で発病するのか、一つの菌でも受け取ったら発病しちゃうのかが分からない。（インタビュー3）

この語りは、日本でインフルエンザ感染症のシミュレーションを展開している研究者によるものである。この研究者は、閉鎖系としての離島に関心を持ったことをきっかけに現地で調査する機会に恵まれた。自治体からの協力も手伝って、教育機関の日誌に記された患者数などの豊かなリアルデータを参照することができ、成果を得ることができたが、さらにその先へとエージェント・シミュレーションを進めるには困難があるとみている。咳に含まれる菌の量など、人から人への曝露にかかわる基本的なデータがないためである（インタビュー３）。

蚊が人を嚙む頻度や咳に含まれる菌の量などは、すぐに入手できそうなデータのように見える。両研究者もそれぞれ目当てのデータがないか知り合いの研究者にたずねるなどして探したという。しかしデータは見つからない。この基本的なデータの不在がモデル形成のボトルネックとなっている。

対照的に、関係機関からリアルデータが提供されるテーマについては、モデル化やシミュレーションが進むようだ。例えば台湾においては、ＣＤＣの指定する六つの感染症の地区別発生者数データがオープンにされており、取得が容易である。そのほかＨＩＶ感染症のモデル研究に際しても、患者が誰とどのようなコンタクトがあったかを含む詳しいデータが病院から研究者に提供されていた。日本の他の例では、ＡＥＤ（自動体外式除細動器）の配置と使用状況にかかわるデータが提供され、エージェント・シミュレーションを使ってＡＥＤの適切な配置を導き出すような研究も行われている（インタビュー３）。

モデルは、入手可能なリアルデータから発展しやすい。一人のモデル研究者は、「モデルはマシン」という比喩を用いていた（インタビュー２）。モデルはマシンであり、リアルデータが入ることでそのマシンをメンテナンスできる。新しいデータが入ることでマシンはよりよいものに改良できる。ただし、その作業にはたくさんのマンパワーも必要とされる。モデルの作成は大学生教育の中で実践されており、指導がなかなか大変であるともその研究者は漏らしていた。

このように数理モデルがデータを養分として育つのであれば、大量のデータが揃ったモデルは今後どのように変化しうるのか。昨今では大量かつ非構造のビッグデータが活用される情報基盤が整いつつある。こうしたビッグデータの潮流は感染症モデルの世界にも影響を及ぼしはじめており、データが増えることで、モデルはより現実に近づくという。興味深いことに、データが増えたからといって感染症予測モデルの作り方や理論が劇的に変わるわけではないようだ（インタビュー2）。ただしビッグデータは地理情報・移動情報をその一角に含んでいるため、ビッグデータの蓄積がエージェント・シミュレーションの進展をうながす可能性もある(5)。

データとモデルの関係性は、データからモデルが作成される方向には限られない。すなわち、モデルがあることによって新たにデータが作成されるケースもある。ある日本の研究者は、仮想人工都市シミュレーターを構想するにあたり、オープンデータをもとにして日本全体の汎用的なモデルをつくった上で、地域の行政主体に「あるはずの」データを提出してもらう戦略もあると述べていた（インタビュー3）。数理モデルの世界では、シミュレーションの出力結果から現実にあるはずのデータの推定値が明らかになることもある。モデル科学やシミュレーションの発達は、新たにデータを生成し、そのデータを多様化させる。

このように、モデルの生態にデータは重要な役割を持つ。モデルは、データを栄養分として育っていくともいえる。データの役割は、これまで自然科学のシミュレーションを論ずる科学論ではあまり注目されてこなかったようであるが、感染症をはじめとした社会シミュレーションにおいては重要である。データの取得・生成の問題を、情報のインフラストラクチャーが社会的に構築されていくプロセスとして読み解くことも有効であろう（福島 二〇一七、三〇六頁）。例えば最近のＳＴＳ研究（科学の社会的研究）では、イギリスの大気汚染にかかわる監視データ（現実に観測されたデータ）と、モデルデータ（化学の知識をもとに抽象化・計算されたデータ）との間に齟齬が生じ、すり合わせが必要となったプロセスなども報告されている（Garnett 2017）。

数理モデルの政策活用

感染症の数理モデルは、それが使われる政策意思決定のスタイルに応じても成長していく。再び台湾の事例を取り上げよう。台湾では、シミュレーションに対する政策関係者の態度が二〇〇九年を境に大きく変化したという（インタビュー1）。二〇〇九年といえば、Ｈ１Ｎ１新型インフルエンザのパンデミックが生じた年である。パンデミック以降、政策関係者はシミュレーションに関心を持ち、その知見に信用を置くようになった。例えば、新型インフルエンザに関してワクチンやマスクをどの程度備蓄していけばよいか、誰も情報を知りえない。こうした不確実な状況下では、モデルやシミュレーションを活用することにより備蓄数を見積もり対応に移すことができる。台湾では、行政側が科学者に計算を依頼するにとどまらず、行政の担当者自らがシミュレーション科学を学習し、自前で分析できるようになりつつあるという。

より長期的なスパンで政策の費用対効果を計算するために数理モデルが活用される事例もある。台湾の研究者によると、ＨＩＶに対する介入策を検討する際、行政側から数理モデルを活用する分析を依頼された。台湾のＨＩＶの患者数は、数としては多くない。しかし問題となるのはその患者のケアにかかる医療コストである。数理モデルを用いると、複数の政策のシナリオを立て、それぞれに見込まれるコストを計算できる。行政側としては、科学の世界からの「お墨付き」を得られるものとして数理モデルに期待している。ただし、行政は予測の語りを鵜呑みにしているわけではないようだ。モデルの前提に科学コミュニティの考え方が入り込んでいたり、予測の内容にエラーが含まれていたりする側面を理解した上で利用しているのである（インタビュー2）。

台湾では一般に感染症予測モデルに肯定的な態度が持たれているようで、緊急事態への対応や政策コストを圧縮するため、予測モデルが使える、という認識が行政側にも広まりつつある。モデルの結果を活かす社会的基盤が整えられつつある様子がうかがえる。

他方日本では、数理モデルの政策活用が遅れているという問題提起がある（西浦・稲葉 二〇〇六；稲葉 二〇一四）。モデルやシミュレーションの結果をもとにある対策を講じようとしても、すでに機能している別のルールや制度の壁に阻まれることが多いようだ。例えば、感染症シミュレーション研究から導き出される知見の一つに、感染症の抑え込みには「早期の学級閉鎖」が有効であることが指摘されている。しかし、早期の学級閉鎖をいざ実行しようとしても、日本社会では学級閉鎖の基準についてすでにルールがあり、集団メンバーの一〇—二〇パーセントが当該感染症で欠席しているかどうかが閉鎖の判断基準となる[6]。そして学級閉鎖を実施するかどうかの意思決定主体は市町村の長、あるいは、教育委員会が担っている。政策決定を担う主体が数理モデルやシミュレーションの手法に慣れているならばまた状況は変わってくるのであろうが、現時点では、そうした意思決定主体への情報提供がまだ十分な状況ではない。先に述べたAED配置の例にしても、機器の設置は各建物を所有する企業や団体の好意に任せられており、シミュレーションによって適切な配置が導き出せたとしても、その知見が実際に社会のインフラに還元されるのはなかなか難しいという（インタビュー3）。台湾の例と照らし合わせると、日本では、すでに確立されてきた社会的基盤によって、予測モデルと政策がなかなか接続しにくい様子が垣間見える。

日本で、シミュレーションの知見が意思決定に接続する事例ももちろんある。離島研究の例では、インフルエンザが流行した際、研究者グループからの提言により、町長の権限で全住民へのワクチン接種が実行されたこともあった。ただしこれは、シミュレーションの結果が直接参照されたとまではいえず、どちらかといえば、それまでの交流を通じた関係者間の信頼を土台とした決定であった。加えて、町側が直前まで繰り返されていたインフルエンザの集団感染に悩まされていた経緯もかかわっていたのではないかと考えられる（インタビュー3）。

感染症が流行していく渦中では、発生初期の検出や、数日間程度の短期予測が実務者たちに求められる。こうした緊急時においては、モデルやシミュレーションそのものの有効性とは異なる問題が問われる。すなわち、情報を誰がどのように取得し、判断していくか、の問題である。日本の白川展之（文部科学省科学技術・学術政策研究所・主任研究官）は、以前に自治体でインフルエンザ対策の実務に携わった経験がある。自身もエージェント・シミュレーションを実行するなどシミュレーションに理解が深いが、実務に携わっていた当時はうまくシミュレーションが活用されなかった。

僕らからするとなるべく（備蓄薬の）在庫は最適化したいし、あとは置く場所。在庫管理の倉庫をどこに置いてどう配送するかという話になったけど、本来シミュレーションすべきなのが、シミュレーションできるレベルまでの状況になってなかったですね、私のときは。だから、あったら使ったと思うんですが。

だから、数理シミュレーションって、数理的な式のシミュレーションではなくて、かなりオペレーションズ・リサーチっぽい（現実の制約条件の落とし込みを行う作業の方が）問題になってしまうんですよね。

こうした語りが示唆するのは、シミュレーションの現地適応化のジレンマである。数理モデルによるアプローチは確かに有用かもしれない。しかし、それを個別の地域で即時対応する際には綿密な条件設定が必要となるため、シミュレーションを行うよりも経験則による対応がなされる。言い換えると経験則で対応が可能である。

感染症の予測には感染者数を数か月程度のスパンで予測するものに限らず、数日間といったスパンでの短期予測、さらにはリアルタイムでの感染の検出も含まれる。後の二つは実際の制御技術として求められるといえるかもしれない。短期予測やリアルタイム予測・検出のシステムでは、モデルのよしあしよりもリアルデータを得る監視システムや、使いやすいインターフェイスが鍵となってくる。

温研究室は、CDCとともに食中毒検出システムの共同開発を進めているが、これも厳密には「予測」ではなく、通報データからアウトブレイクを拾い出す「初期検出」システムである。図5-1がそのシステムのインターフェイスである。図上側には各地域の感染者数が示されている。一方、図右下には食中毒患者数の数値が時系列にそって示される。この患者数の増加が著しく大きい場合に非常事態としてアラートが発せられる。ただし、危機管理センターの職員は必ずしもそのアラートを根拠として対策の有無を決定するわけではないという。実務にあたる関係者は、彼ら・彼女らがそれまで培ってきた経験知をもとに事態の危険性を判断し、あくまで参考資料として、あるいは自身の判断を補強するためにシステムの情報を活用する。またこのシステムは、食中毒アウトブレイクが推定される地域への職員派遣を目的として、統括機関である危機管理センターが活用している。よりローカルな現場で対応に迫られる自治体や保健所は、経験則や、自らの手元にある情報をもとに初期の対応を進めているのである（温氏インタビュー、白川氏インタビューより）。

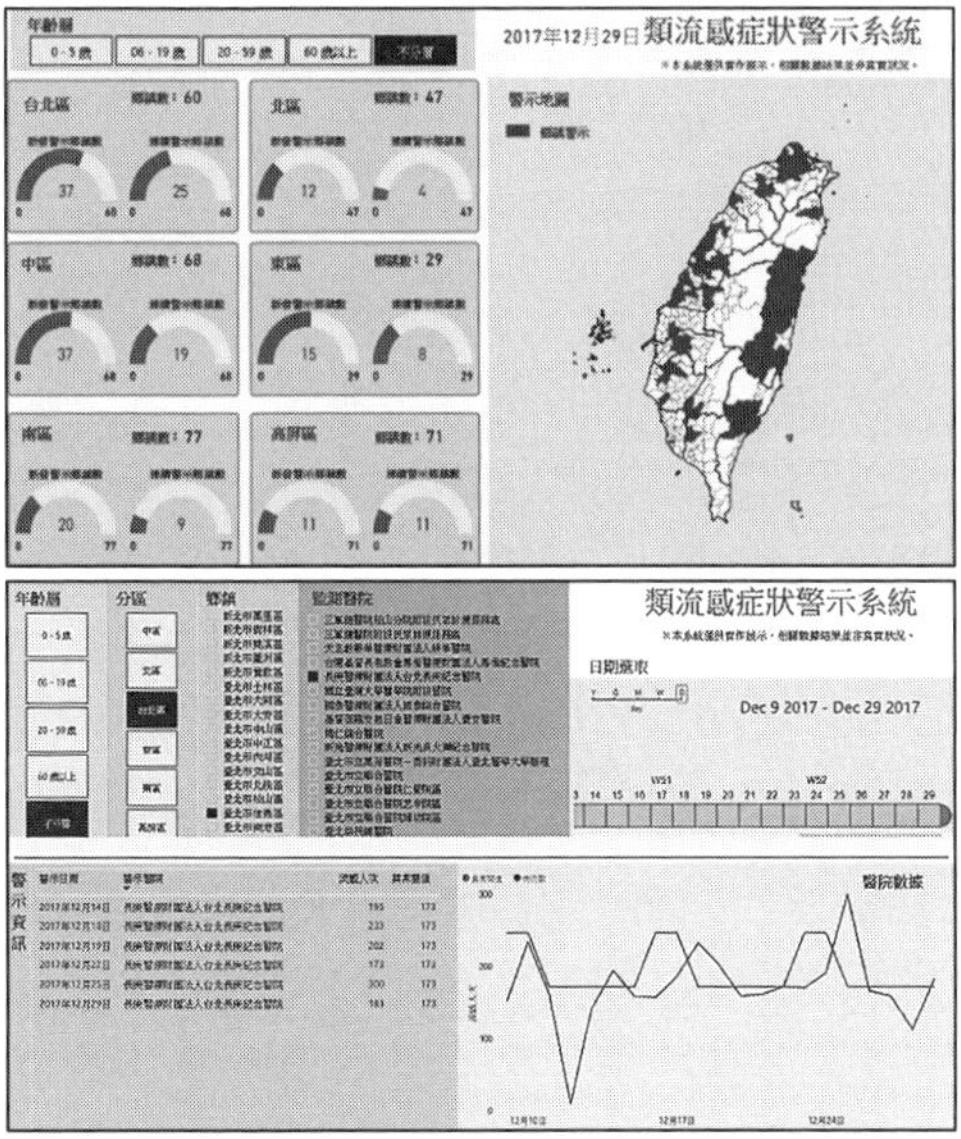

図 5-1　台湾における食中毒検出システム表示画面
（温・許 2017）
いずれもデモ用画面。

　予測が社会に接続するのは、予測の語りそのものが世に発表されるケースに限られない。予測を生成・出力するツールが様々な活動の中に普及していくプロセスもまた予測の社会接続のあり方である。ただし予測を出力するツールが社会の中でただちに普及していくとは限らない。例えば日本ではSPEEDI（緊急時迅速放射能影響予測ネットワークシステム）の活用についての議論が紛糾しており、今後原子力関連事故が発生した際にもただちに住民避難に活かされる体制にはいたっていない（寿楽・菅原 二〇一七）。SPEEDIの問題には、福島第一原子力発電所の事故発生当時にSPEEDIに渡されるべきデータ・システムが機能しなかった不運も関係しているが、その後も政策活用の是非がまとまらない状況に鑑みると、「予測の生成ツール」を社会で実装することがいかに難しいかがうかがえる（cf. Sugawara and Juraku 2018）。

ここまで、地域や状況の違いによって、感染症の数理モデルや、シミュレーションにもとづく予測情報の政策活用が異なる様子を示してきた。日本ではモデルの政策活用が進んでいないことが特徴であるが、一つの解釈として、数理モデルが示す確率論的な世界観が、日本で特徴的なガバナンスと接続しにくいとも考えられる。それは確率論的な世界観をただちに決定的なものへと落とし込みやすいシステムともいえるし、意思決定の参照先を数値ではなく「人」に向けやすいシステムともいえる。あるいは、意思決定の際に、対策にかかわるコストの側面が考慮されない（すくなくとも可視化されにくい）システムを持つとも解釈できる。そもそも感染症を含む社会シミュレーションは比較的若い学問領域であり、日本の場合は、研究者の世代と、政策決定を中心的に担う世代にはギャップがあることも関係しているかもしれない（インタビュー3）。

他方、モデルの政策接続は、モデルの「可視化」がどのようにインフラ化されるかといった技術的な問題とも関連する。数理モデルやシミュレーションは未来の状態に関する情報を提出するもので、必ずエラー（誤差）を含む。すなわち、モデルが示す感染者数や、ある政策を講じることで生じる費用はあくまで推定値であり、実際に事象が生じたときの値とは必ずずれが生じる。シミュレーションでは、未来の状態を複数提示する場合もあり、それは、「何が正解か」という問いの枠組みの中にはおさまらない。ある予測の精度を高める方向性ではなく、むしろ予測から外れるエラーについての飼いならし（cf. ハッキング 一九九九）が、「予測のエンジニアリング」が成立するための一つの要件ではないだろうか。そうした飼いならしが理念上のものではなく実践やインフラの中に埋め込まれていることも重要なのだろう。言葉を変えると、予測ツールそのものの内に想定外なるものの存在をいかなる形態かで組み込むことにより予測は社会に接続しうるのではないか。例えば私たちがすでになじんでいる台風の進路予報では人々は進路の予想が外れる幅を見込んで情報を活用することができる。また、防災分野で矢守が考案・実践している「逃げトレ」のような津波シミュレーション・ツールは、複数の未来を徹底的に体験させ、想定外を常態化させるものである（杉山・矢守 二〇一九）。このように、予測モデルの政策接続は、インターフェイス整備の問題としてもみることができる。

結　論——予測モデルの感染前夜

以上、本章では感染症領域における数理モデルとシミュレーションを題材に取り上げ、モデルの生態を素描してきた。事例から見える感染症数理モデルの特徴をあらためてまとめてみよう。第一に、複数の数理モデルは互いに競合して優劣を競うよりも、共棲関係にある。ある特定のモデルがとって代わられるのでははなく、拡張し、ときには互いに補強しあう特徴を持っている。第二に、モデルの生成のために何より実世界の活動データ（リアルデータ）の存在が重要である。リアルデータが豊かな領域でモデルは発展しやすいが、近年ではモデルの存在から、データが生成される向きの動きも生じている。第三に、モデルが社会と接続するあり方はガバナンスの性質とも連動しているが、一方インターフェイスの問題としても扱うことができる。

ここからは、予測と社会という本書全体のテーマと関連づけて議論をまとめてみたい。そもそも予測と社会を考える上では、予測の語りが行為遂行性を持つことの問題性を問うべきだったかもしれない。例えば、地震分野では予測の語りが大きな力を持ち、様々な混乱を生じさせうる。感染症分野でも、感染症が発生した「後」に生成される語りは、社会的な影響を与えうる。感染や、感染者個人の表象が政治的に操作されることで、疫病に対する大衆の不安が個人への差別へとつながる危険性も指摘されている（Aaltola 2012）。

しかし、日本の感染症に関する予測モデルは、現時点ではまだ行為遂行性を持つ以前の段階にあるといえよう。それは、日本の政策意思決定スタイルの特徴と、モデルやシミュレーションの世界観に齟齬があるためではないかと述べてきた。これは、台湾の事例と照らし合わせた際により明確化される。ただし、数理モデルの不在は、日本の感染症対策に不備があることを意味するわけではない。世界的な猛威を振るったＳＡＲＳでは、日本の患者数がきわめて少なかったことが国際的にも関心を集めているほどである。日本は歴史的に培ってきた疫学的な対策により感染症を防ぐインフラがそもそも整っているともいえる。予測を大きく、「社会的なエラーに対する制御」の一端と位置づけるならば、その防御の仕方には様々なものがある。モデルやシミュレーションの生態は、オルタナティブとなる防御法がすでに社会システムに備わっているかどうかでも定まってくるのだろう。

問題は、政策上の選好が、今後のデータ基盤の形成、ひいては科学実践の展開にボトルネックを生じさせる可能性がなきにしもあらず、という点である。近年の新興感染症は、人びとのグローバルな移動が活発化する中で生じている。病気が伝播するメカニズムを解明し、対策を練るには、移動の要素を考慮せざるをえないため、エージェント・モデルの手法が新たに普及する可能性もある。またデータの面では、国内の感染症報告データにとどまらず、各国が連携してデータ監視システムを整備するネットワーキングの動きが生じつつある。感染症数理モデルが成熟し、気象予報のように感染症予報が一般化する時代が訪れるかどうかは定かではないが、感染症モデルの生態は、社会で生じている膨大なデータの集約の流れと同時に、各地域が固有に培ってきたガバナンスの特徴を浮き上がらせるものとして、興味深いテーマである。

謝辞
本章の内容はインタビューにご協力いただいた専門家の方々とともに、「コンピュータシミュレーションの科学論研究会」（有賀暢迪氏主催、二〇一四〜二〇一七年度）の議論から多くの示唆をいただきました。あらためて感謝申し上げます。

（1）「予測」という用語の意味するところがそもそも領域によって微妙な差異を持つ点は、本書に含まれる様々な論考が示している。なお人口の数理モデルの領域では、予測（prediction）は、シナリオ分析（projection）と定量的予測（forecasting）の二つに分類される。感染症課題ではとくにリアルタイム予測という実践があり、それは、後者に含まれる。感染症のリアルタイム予測で活用されているモデルや統計技術は、気象予測のそれらと共通している（西浦 二〇一五）。

（2） 二〇一二年文部科学省「今後のＨＰＣＩ計画推進のあり方に関する検討ワーキンググループ」第四回議論（配布資料インフルエンザ拡大予測および介入政策立案のためのスーパーコンピュータの利用）など。

（3） 科学技術社会論では気候変動モデルに関する研究が蓄積されている。あるモデルが支配的になっていく社会的な過程が入念に検討されており（Shackley et al. 1998 など）、モデルの政治性に関する先行研究として参考になる。

（4） ただし、エージェント・シミュレーション研究では汎用化をめざす動きもある。仮想世界のプラットフォームを用意し、同一のプラットフォームで様々な地域や課題を扱うことを念頭に置いているようだ。

（5） 日本では、エージェント・シミュレーションの進展と構成論的アプローチがしばしば結びつけられて論じられる。従来のシミュレーションがなんらかの形で現実との対応を意識しているのに対し、構成論的アプローチは、「ありえない」条件設定からシミュレーションを進めることで主題の理解につなげる。構成論的アプローチについては、第6章（橋本）の議論が参考となる。

（6） 厳密に決められたルールがあるわけではないが、欠席者の数を参照点とした基準が各自治体によって定められている。

参考文献

石田亨 二〇〇五：「エージェント」『人工知能学事典』人工知能学会編、共立出版、五二四—七頁。
稲葉寿 二〇一四：「人口と感染症の数理」『昭和学士会雑誌』七四巻五号、五三五—四二頁。
温在弘・許景瞬 二〇一七：『２０１７ 未来科技展——個人化適地性的疫情時空預警架構』。
科学技術振興機構 二〇一五：「社会変動予測と社会システム構築のための社会シミュレーションの展望」『科学技術未来戦略ワークショップ報告書』CRDS-FY2014-WR-18。

ギルバート、N・トロイチュ、K・G 二〇〇三：『社会シミュレーションの技法』井庭崇・岩村拓哉・高部陽平訳、日本評論社。

寿楽浩太・菅原慎悦 二〇一七：「「SPEEDI」とは何か、それは原子力防災にどのように活かせるのか?」『原子力と地域社会に関する社会科学研究支援事業平成二八年度研究成果報告書』http://hse-risk-c3.or.jp/itaku/report/research-report2016.pdf

杉山高志・矢守克也 二〇一九：「津波避難訓練支援アプリ「逃げトレ」の開発と社会実装――コミットメントとコンティンジェンシーの相互作用」『実験社会心理学研究』五八巻二号。

西浦博 二〇一五：「感染症流行のリアルタイム予測」『生体の科学』六六巻四号、三六四―七頁。

西浦博・稲葉寿 二〇〇六：「感染症流行の予測――感染症数理モデルにおける定量的課題」『統計数理』五四巻二号、四六一―八〇頁。

西浦博・木下諒 二〇一五：「新興感染症の国際的伝播を予測する数理モデル（特集感染症の数理モデルと制御）」『システム／制御／情報』五九巻一二号、四四六―五一頁。

ハッキング、I 一九九九：『偶然を飼いならす――統計学と第二次科学革命』石原英樹・重田園江訳、木鐸社。

日比野愛子 二〇一六：「生命科学実験室のグループ・ダイナミックス――テクノロジカル・プラトーからのエスノグラフィ」『実験社会心理学研究』五六巻一号、八二―九三頁。

福島真人 二〇一七：『真理の工場――科学技術の社会的研究』東京大学出版会。

ワイスバーグ、M 二〇一七：『科学とモデル――シミュレーションの哲学入門』松王政浩訳、名古屋大学出版会。

Aaltola, M. 2012: *Understanding the Politics of Pandemic Scares: An Introduction to Global Politosomatics*. Routledge.

Garner, M. G., and Hamilton, S. A. 2011: "Principles of Epidemiological Modelling," *Revue Scientifique et Technique-OIE*, 30(2), 407–16.

Garnett, E. 2017: "Air Pollution in the Making: Multiplicity and Difference in Interdisciplinary Data Practices," *Science, Technology, & Human Values*, 42(5), 901–24.

Kitching, R. P., Thrusfield, M. V., and Taylor, N. M. 2006: "Use and Abuse of Mathematical Models: An Illustration from the 2001 Foot and Mouth Disease Epidemic in the United Kingdom," *Revue Scientifique et Technique-Office International des Epizooties*, 25(1), 293-311.

Mansley, L. M., Donaldson, A. I., Thrusfield, M. V., and Honhold, N. 2011: "Destructive Tension: Mathematics Versus Experience—The Progress and Control of the 2001 Foot and Mouth Disease Epidemic in Great Britain," *Revue Scientifique et Technique-OIE*, 30(2), 483-98.

Nerlich, B. 2007: "Media, Metaphors and Modelling: How the UK Newspapers Reported the Epidemiological Modelling Controversy during the 2001 Foot and Mouth Outbreak," *Science, Technology, & Human Values*, 32(4), 432-57.

Shackley, S., Young, P., Parkinson, S., & Wynne, B. 1998: "Uncertainty, Complexity and Concepts of Good Science in Climate Change Modelling: Are GCMs the Best Tools?" *Climatic change*, 38(2), 159-205.

Sugawara, S., and Juraku, K. 2018: "Post-Fukushima Controversy on SPEEDI System: Contested Imaginary of Real-Time Simulation Technology for Emergency Radiation Protection," Amir, S. (ed.) *The Sociotechnical Constitution of Resilience: A New Perspective on Governing Risk and Disaster*. 197-224.

第6章　語りと予測の生む複雑さ

橋本　敬

1　複雑さの起源――「作用するもの」と「作用されるもの」の分離不可能性

言語による「語り」が、自身の内面にある思いを表明したり外界の現実の出来事を記述したりするだけであれば、思いや出来事によって語ることは変わるが、語ることで内面や現実が変わったりはしないだろう。だが実際には、われわれは言語により、現実に起きた出来事だけを語るわけではなく、いまだ起きてない、あるいは、存在しないものごとについても語る。そして、そのような語りは単なる虚言ではなく、むしろ、語ることが現実に作用し、語った時点では真ではなかったことが、後に現実に真になることが往々にして見られる。

例えば、あなたが所属する会の会費について聞かれたとき、会費をすでに支払っているならば「すでに支払ってます」、未納の場合は「まだ支払ってません」と言うだろう。すなわち、現実の状態によって語りが変わる。現実が語りに作用すると言えるだろう。もし、未納だが近々払おうと思っていれば「近日中に支払います」と言うかもしれない。ここでも思いという内面的現実から語りが生み出されるのだが、この種の語りは、単なるまだ起きていないことについての発話ではなく、約束とみなされる。こう発言すると、あなたは近日中に支払うという行為をしなくてはならない。相手が会の事務局の人であれば「分かりました、領収書を用意しておきます」と語りさらに行動を約束するかもしれない。すなわち、語りが現実に作用する。言語行為論が明らかにしているように、語りは現実や思いから記述や表現として生み出されるだけではなく、語ることが現実を動かすこともある。このように、語りと現実、そして、思いの間には、作用する・されるという関係で見たとき、一方が他方に作用するという一方的なものではなく、複雑な関係になっている。

予測という語りは、ある現実の事象について、様々な関連要素の過去・現在の状態、および、そこに働く論理にもとづいて、その事象の今後の行く末や未来の状態についてある程度の蓋然性を持って語られる。そして、本書で着目しているように、予測という語りは現実を社会的につくり出す。つまり、予測は、未生起の事象についての語りとして上述の言語行為の特別な種と考えられる。したがって、予測においても、語りと現実の間には、作用するもの・されるものの分離不可能な関係が入っているはずである。

複雑系科学は、作用するものとされるものが単純に分けられず複雑な関係になっているような事態を研究対象として扱う、あるいは、研究の観点の中心に据える（橋本　二〇〇八ａ）。通常の自然科学では、研究対象を記述する方法として、対象の状態とその振る舞いを表す関数に分ける場合がある。別の言い方をすると、対象を「作用するもの」と「作用されるもの」に分離させ、作用するものは（少なくとも対象の記述や理解がおよぶ調査の期間中は）不変であり作用されるものによって変わることはないとして考える。このように分離して研究対象を記述できればわれわれには理解しやすい。機械やソフトウェアのプログラムはこれを分けて、その振る舞いが分かりやすいように設計される。しかしどのような対象でもうまく作用するものとされるものが分離できるわけではなく、われわれが分かりにくいと感じる対象は、この分離がうまくできない場合が多い。

あるテキストを理解しようとするとき、テキストを構成する文やそこで使われる単語の意味が分からないと、テキスト全体で言わんとすることは分からない。使われる単語が違えばテキスト全体の意味も変わり得る。テキストを読むとき、単語や文が作用してテキストの意味という「作用されるもの」が解釈として頭の中でつくられる。だが、単語は往々にして複数の意味を持ち、また、比喩的・暗示的な意味を持つこともある。様々な候補の中でどの意味が適切であるかは、テキスト全体の意味と文脈を理解しないと決めることができない。つまり、テキストが単語の意味の決定に作用する。したがって、実際のテキストの読解では、部分としての単語とそれから構成されるテキストの間で、解釈をしながら留保し循環させながら読み進めていくことで、テキスト全体の解釈と部分の解釈がつくられていく。このようにテキストを解釈し理解するプロセスも、作用するものとされるものが複雑で循環的な関係を持つ例と考えられる。また、研究対象を観測することが研究対象を変えてしまう観測問題もその例である。

個人の集まりである社会も、社会を構成する人の振る舞いという「部分」と社会の動きという「全体」の間に、作用するものとされるものの間の循環的な関係が見出せる。景気が良いと思えば購買行動を活発にするし、その逆も起きるように、個人は社会の状態を見て行動するが、社会の振る舞いはそのような個人の行動によって生み出される。ここには観測問題も関係する。例えば、世界各国で景況感指数というものが公的機関や業界団体から発表される。これは、経営者やエコノミストなどに景気の判断を問い、よいと感じている人や企業の割合から悪いと感じている割合を引いた数値である[(1)]。実際に景気の状態が客観的に観測されるのではなく、社会を構成する経済主体の一員による経済社会状態の主観的な判断を集計しており、これが中央銀行のような信頼される機関から発表されると、実際の経済の動向に影響する。

この分離不可能な部分をできるだけ削減し、作用するものとされるものを分離して扱うことができれば、分かりやすく予測や操作がしやすい理論が作られるが、複雑系科学では、分離不可能性こそ複雑さが生じる根本原因の一つと考え、この事態をモデル化して理解しようと試みる。すなわち、複雑系科学は、要素が多いことや要素間の関係がこんがらがっている（complicated）ことによって複雑になっているものを研究するというより、複雑な（complex）事態のより根源的な原因を見出して、それによって生じるダイナミクスの理解を目指す。

作用するものとされるものの分離不可能性があり得るような複雑な相互作用・ダイナミクスは、実際に人の認識や社会の中にあるはずであるが、それを直接取り出すことや論理的に検討することはとても難しい。そこで、そのような複雑さを生む特徴を埋め込んだシステムを人工的につくり、そのシステムを動かし、操作し、観察することを通して、複雑なシステムの理解を深め洞察を得るというアプローチがある。これを構成論的アプローチと言う（橋本 二〇〇八b：Hashimoto et al. 2008）。

そこで本章では、語りと社会について、作用するものとされるものの分離不可能性という複雑系科学の観点から、構成論的アプローチに基づいて検討することで、「予測」という語りが社会をつくり出すダイナミクスについて洞察を得たい。そのために、予測という語りとそれによる社会の動きだけに限定するのではなく、語りの作用と、個人（ミクロ）と社会（マクロ）の相互作用から生み出される社会システムのダイナミクスまでを考察対象に広げる。まず、第2節では語りが生み出される前の認識の段階から、語りが社会を変えるところまでを検討する。ここでは、実験室において人工言語をつくり出す人間を用いた進化言語学の分野で発達してきた構成論的研究を示す。次に第3節では、社会における部分と全体の間にある、作用するもの・されるものの間の分離不可能性に着目したコンピュータシミュレーションという進化経済学的な構成論的研究を参照しながら、社会のダイナミクスと予測との関係、特に、制度の形成と変化のダイナミクスについて考察する。最後に、複雑系科学からの考察から見出される予測という語りがつくる社会に予想されるシナリオをまとめる。

2 「語り」の作用を複雑系科学から読み解く

語りの内在的な機能

「語り」は通常、外に出して発話されたものを指すが、われわれは語りを発するときに、語りに関する現実の認識と、認識した現実に対する概念の構築を行っている。であるがゆえに語るべきものが生まれる。「語り」の作用は、発話された後のみではなくこの認識と概念構築も含めたものと考えよう。「予測」という語りにも認識と概念構築は不可欠である。構築された概念が発話され、他者に解釈され新たな解釈や概念、そして行動を生み出すことで現実をつくり出す。

現実を記述し、社会的現実をつくるという語りの二つの面は、語りの内容に相当する現実がすでにあるのか、社会的につくり上げられるのか、という対比的な二つの見方に対応している。後者は、語りの内容が事前に実在するわけではなく、語りによって引き出される人々の動きによって現実が社会的につくり出される点に焦点を合わせている。

実際には、客観的な現実があってそれを記述するだけの語りはあまりなく、通常は、話者なりに事態を捉えて語る。容器の中程まで水が入っている状況を、「水が半分入っている」と言うのは記述に近いが、「半分も入っている」と「半分しか入っていない」と語る場合では、事態の捉え方が異なる。あるいは、お皿とボウルの中間くらいの曲率の容器があるとき、なにかが「お皿の上にのっている」「ボウルの中に入っている」のどちらとも言える（Lakoff 1987）。

これは単に発話の違いではなく、事実の捉え方・概念化が人や場合により異なること、すなわち、発話として語る以前に語られる概念が作られることを示唆する。客観的に確かな存在でも捉え方の違いが生じるが、「成長率が二パーセントになる」「人工知能は人間の能力を超える」などと現象を予測的に語るとき、われわれは、成長率、人工知能、能力、超える、といったことばにより、客観的とは言い難い漠然とした未来を概念化している。ここでは、語りの曖昧性を問題にしているのではなく、語りが概念を作り出す点に光を当てたい。発話された語りが人々に理解され、人々を動かすことで社会的に現実が構築される前に、個々人は語りにより発話の前に概念をつくり、現実を構築しているのである。

ここでコミュニケーションに関する構成論的な実験を紹介する（金野ほか 二〇一三）。この実験では、通常のコミュニケーションを禁止した状況で人を相互作用させることで、コミュニケーションが生成する過程の分析を試みる。二人の参加者が異なる場所にある端末で簡単なゲームを行う。端末には四つの部屋と参加者のコマが表示されている（図6-1）。ゲームの目的は、上下左右へ一回移動するか留まることで二人のコマを同じ部屋へ移動させることである。言語などを用いてやりとりできるなら簡単な課題だが、二人は別の場所にいるので音声も表情も使えない。そこで代わりに、図形を一つ選んで移動の前に相手に送る。この実験では、ランダムな初期位置→図形選択→送信→受信→移動→両者の移動前後の部屋の表示、ということを何度も繰り返す。

そうすると、実験初期にはなんの意味もない図形が、そのうちに「意味」を獲得し「記号」となる。例えば、「左上の部屋」など部屋の位置を表したり、「右」や「左回り」という移動方向を表したりする。時には「分からない」「取り消し」といった「考え」を表そうとする人もいる。この図形＝記号には、参加者がこのゲーム状況をどう概念化するようになるかが表れている。ゲームの目的達成のために、コマの位置が重要と考え他の情報は捨てたり、自身の考えを表すべきだと考えたりする。この実験の帰趨はまた後に述べる。

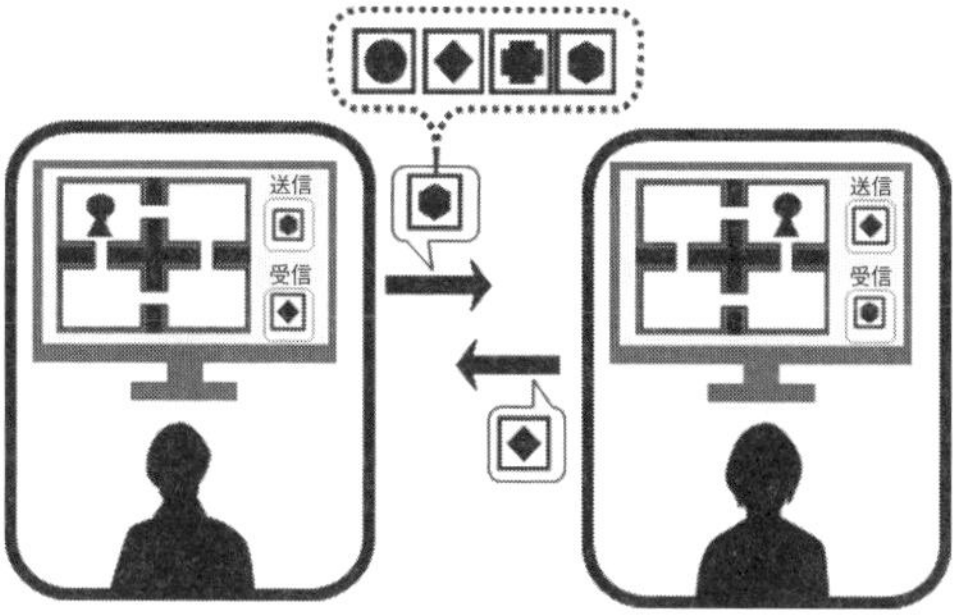

図6-1　コミュニケーションの構成論的実験の状況（筆者作成）

この極度に単純化した実験状況とは異なり、語りは通常複数のことばを含む。例えば「最新社会学事典を買う」と語るとき、「最新社会学事典」とは何を意味しているだろうか。このことばは「最新」がどこに係るかにより少し異なる概念を表す。それは、「最新の社会学の知見が含まれた（古い社会学は載っていないかもしれない）事典」「最近出版された社会学の事典」という二つである。

この二つの意味の違いは、

（1）｛｛最新、社会学｝、事典｝

（2）｛最新、｛社会学、事典｝｝

という階層構造の違いを反映している。すなわち、人間言語の語りは、要素（単語とその意味）とその並び方（語順）が同じでも、階層構造によって複数の異なる意味を持ち得る。(2)

階層構造は語る者にとって概念間の関係を表す。前者では「最新」と「社会学」がまず関係づけられて概念化され、「その事典」という概念を結合させると考えられる。後者の場合は、「社会学」と「事典」を組み合わせて「社会学の事典」が概念化され、それに「最新」が結合される。結果として、「最新社会学事典」という語りは、三つの要素的概念を単に一つに組み合わせたものではなく、二つの要素を組み合わせたものにもう一つの要素を組み合わせるという再帰的な結合により、階層的な構造を持つものとして、一つの概念を構築している。ここでも、複数の語が組み合わされる曖昧さを問題にしたいのではない。二つの概念を組み合わせて一つの複合概念をつくり、それにまた別の概念を組み合わせるという再帰的な組み合わせ操作はいくらでも繰り返すことができる。この結合により、複数の語でつくられる長い句・節・文を構築することができる。すなわち、複数の要素でつくられた語りは、複合的で階層的な概念構築物をつくり出す内在的な作用であり、それは語る者の考え、経験などにより異なってくる。

この階層的概念構築物をつくり出す作用は、ある事態に対する視点や態度の問題だけではなく、場合によっては新しい概念構築を可能にする。例えば「高価な社会学事典」ということばは、通常は（2）の階層構造として解析され、「社会学事典のうち値段が高いもの」という意味になるが、（1）の構造もあり得る。もしあえてこちらを取るならば「「高価な社会学」に関する事項の説明を収めた事典」という意味になる。「高価な社会学」とはなんだろう？　学問に高価や安価という軸があるのか、学問分野をそのように概念化することができるのだろうか。それは、学ぶのにお金のかかる学問かもしれないし、学ぶことで高い金銭的価値を生み出す学問なのかもしれない。

このように、語りとは、概念を同定し、概念構築物を生み出す作用を持つ。これが非常に重要な言語の機能である。すなわち、語りには、言語の内在的な機能として、現実を認識したり認識された現実を作り出したりするという面もある。「予測」という語りにもこの作用を見出すなら、予測を語る者は、語りを発話する前に、その語りによって概念を構築している。予測が発話されたとき、予測の発話のもととなるその概念構築物が他者に共有されたり、新たな解釈や概念を生み出したりすることで、社会を構築していく。

語りの外在化

語りが外在化（発話）され、他者に理解されたり共有されたりするためには、話者の主観的視点や、頭の中にしかない概念的構築物が複数あり得るという点はやはり問題になる。すなわち、コミュニケーションにおける共有の問題である。

われわれはコミュニケーションにおける語りによってなにを共有しているのだろうか。例えば食事中に隣の人に「醤油取れる？」と発話したとき、これを、醤油を取ることができるかどうかを問うものと字義通りにみなすことはあまりなく、「醬油を取ってほしい」という含意（意図）を読み取るだろう。恐らく単に「醬油」と発話しただけでも、「ここに醬油がある」「これは醬油だ」と状況を記述しているとは受け取らず、「醬油を取ってほしいのだな」と解釈するだろう。もちろん、「食卓に何がある？」「それはソース？　醬油？」といった問いに対してなら、なにが要請されているかを理解して要請された問いに上記のように返答するが、その場合でも、聞き手は話し手がその状況でなぜその問いを発するのかを読み取る。例えば、「醬油がなかったら取ってこようと思ってるのかな」とか「冷や奴にかけるのに、中身を知りたいんだな」と。すなわち、語りには、往々にして指示的意味と含意（言外の意味）があり、後者では意図が読み込まれる。そして、「成功したコミュニケーション」とは、含意される意図が共有される場合を言う。

さらには、「醬油取れる？」に対して、聞き手は醬油を取って渡すという「行動」をすることが多い。すなわち、語りが外在化されコミュニケーションに供されると、意図を共有し、宣言、約束、要請など、その意図に沿ってなんらかの形で他者を動かす。

ここで図6-1の実験に戻ろう。このゲームで成功するには、図形と部屋の位置を一対一に対応させるような「言語＝記号表」を作るのが有効である。だが、そのような曖昧さ（多義性・同義性）のない記号表を共有しても、コミュニケーションが常に成功するとは限らない。なぜなら、このゲームでは斜めの移動が許されないからである。ではどうすれば良いか。このゲームの最も効率的な解法は、図形を先に送る方が現在地の意味で部屋を示し、後で送る方が行き先の意味で指し示す。例えば、先手が左上の部屋にいるときに「◆」を送り、後で送る方が右上の意味で「●」を送り返すと、先手の含意は「今左上にいる」という宣言、後手の含意は「右上に行く＝右上に来てほしい」という要請を意図することになる。そして、先手は「右上に行く」という行動を起こす。うまく成功するペアは、意識的とは限らないが先手後手というターンテイクによって含意を込める戦略を取る場合が多い。

このように、人はなんの意味もない図形でも、状況に応じてそれを「語り」として用いるようになり、記号表（セマンティクス）の共有を超えて語用法（プラグマティクス）を含むコミュニケーションのシステムを創発させる。そこでは、含意＝意図の共有が重要な役割を持つ。構築された概念の主観性という外在化の問題は、意図共有の能力により乗り越えられて、人々は相互作用の中で相手の記号表・語用法を互いに組み込みながら共有された一つのコミュニケーションシステムを生み出すように間主観的に概念構築物を共有できるのだろう。

共創的な言語コミュニケーション——社会をつくり出す語り

語りは、状況を捉え、概念の構築物を生み出し、意図を共有し、他者の行動を引き出す、そして、コミュニケーションのシステムを作り出す作用を持つ。これらを作用するものと作用されるものの観点から考えよう。状況を捉えるという語りの内在的機能を「作用するもの」と考えると、現実に対してこれが作用し、概念化された状況を生み出す。ここでは現実と概念化された状況が「作用されるもの」である。一方、概念化された状況は次の語りの内在的機能に組み込まれ、「水をつぎ足してもらおう」や「水を捨ててしまおう」などその状況に対する次の語り・行為を生み出す基盤となる。つまり、いったん概念化された状況は次の状況認識の機能に作用して語りの内在的機能を少し変えてしまう。このように、語りと認識において作用するものとされるものをきれいには分離できず、互いに作用しながら作用されるものを生み出して動いていく。

だが、コミュニケーションシステムがある程度共有されていれば、人間が生来持つ意図共有の能力により、構築した概念を共有することもできる。そうすると、それを用いた語りにより、共有された概念のうえにさらに概念をつくり出す。すなわち、作用するものとされるものが相互に足場として働くことで、累積的な概念構築というかたちで、社会は構築されていく。ハラリ（Harari 2014）は「虚構」を作り出す機能を言語の一つの本質と捉えている。

例えば貨幣はその最たるものだろう。貨幣は、交換を媒介するだけではなく、価値の尺度となったり富の貯蔵を可能にしたりする社会的に構築・共有された記号的な概念である。これは、「私は「人々が「紙幣（と呼ばれる紙切れ）は原理的にはいつでもなんとでも交換できる」という語りを信じている」ということを信じている」のような再帰的な信念が共有されていることで成り立つ。貨幣を前提に、それで表される価値を貸したり預かったりする銀行という制度がつくられた。そして銀行は預かったお金を他に貸し出すことで貨幣的価値を何倍にも増やす信用創造という概念とそれが実際に機能する仕組みをつくり出した。このような社会制度は、「〇円を貸します」や「あなたの預金は本行にあります（実際に現金があるわけではないが）」といった語りが共有され行為遂行的に働くことで、社会がつくられて機能している。信用創造の仕組みはよく考えると非常に危ういものだが、預かったお金の一部を中央銀行に預ける制度、すなわち「お金を引き出しに来たときも大丈夫なように準備している」という語りに実効性を持たせる（みんなが表面上は信じる）仕組みをつくり出すことで、経済・社会はうまく機能し、証券、資本市場、グローバル経済といった仕組みをさらに発達させてきた。

3　ミクロとマクロの相互作用の構成論的検討

予測する主体がつくる社会の遍歴的ダイナミクス

社会を構成する個々の主体の認識や思考・行動の型は社会で規定されると考えると、社会が「作用するもの」で個人が「作用されるもの」となる。だが、社会は個人の集りから構成されており、個々人がどのような考えを持ちどう振る舞うかで社会が変わる。社会が個人から構成されると書いたが、社会は個々の主体の振る舞いという要素の単なる集合・集積ではなく、創発的なものである。創発とは、あるシステムが要素（部分システム）で構成されているときに、システム全体が要素の性質の和には還元できない性質を持つことである。一方で、個人にとっての社会も創発的なものである（橋本 二〇一三）。主体が、経験や伝聞などから得る個々の情報や語りは、それらが社会に関するものであっても、要素にすぎない。主体は、それら要素群から全体を包括・組織化する暗黙的認識（Polanyi 1966）により「社会」というシステムの認識を創発的に内在化する。すなわち、社会は個人から創発されるとともに、個人の社会認識は社会から創発されるため、個人と社会の間でも作用するものとされるものの分離不可能性がある。個人というミクロ、社会というマクロの間に動的な相互規定関係があると考えるミクロ・マクロ・ループ（塩沢 二〇〇〇）やミクロ・マクロ・リンク（Alexander et al. 1987）は、この作用するものと作用されるものの分離不可能性がある社会という対象を捉える方法論と考えられる。

本節では、このミクロとマクロの間の動的な関係を構成論的アプローチで考える。そのために、ミクロマクロ・ループを想定した社会シミュレーションの研究（佐藤・橋本 二〇〇五）を参照する。この研究では、個々の主体が社会で起きていることを自分なりに内部化し、それぞれの内部モデルに基づいて予測して行動し、それが集まって社会の状態となる場合に、どのようなことが起き得るかを検討する。そのために、この状態をゲーム的な状況で相互作用する多数の主体で構成されるマルチエージェントシステムとしてモデル化し、コンピュータシミュレーションで分析する。ここでゲーム的状況とは、ある主体の意志決定の帰結が他の主体の意志決定に依存するような状況である。

ゲーム的状況には様々なものが考えられ、大きく分けると協調的なものと競合的なものがある。例えば、交通のレーン選択という行動を考えてみる。車で移動する際に左側通行するか右側通行するかを選択する場合、他の人と同じレーンを走らないと正面衝突の危険があるので、同じレーンを選んだ方が良い。これは多くの人が共有する行動の型に従うという協調的行動による制度形成の状況である。

一方、同じ方向へ進む道路に複数の車線がある場合、できるだけ早く目的地にたどり着こうと思ったらすいている車線を選ぶだろう。すなわち、他の多くの人と異なる選択をした方が良い。これは有限の資源（この例の場合は、単位時間に通行できる車の量が決まっている車線）をめぐる競争という状況である。会社で技術開発や油田のような資源開発の投資をする対象を決める場合、すでに多くの投資が集まっている対象よりもまだあまり投資が集まっていないところの開発に投資すれば、成功した場合に先行者利益や市場シェアを獲得する可能性がある。これも、他者と異なる選択が有利だと考えられる状況である。

本章ではミクロとマクロの間の動的な関係に興味があるので、資源獲得のような競争的な相互作用の場合を研究対象とする。なぜなら、レーン選択問題のような純粋に協調的な相互作用の場合は、多数の個人が選ぶ行動がそのままマクロの状態になって固定することが容易に予想されるので、動的な関係を調べるのにそぐわない。また、正面衝突事故を起こさない、目的地に早くたどり着きたい、先行者利益を確保したいというように、各主体はできるだけ良い結果を得るように意思決定することを前提とする。

上述のような競争的な状況を、行動が二種類だけの場合に単純化してモデル化したゲームとして「マイノリティゲーム」というものがある。これは、多くの主体が同時に意志決定する状況を想定し、全主体の中で少人数だった側（マイノリティ）を勝者とするゲームである。本章のマルチエージェントシステムではマイノリティゲームにより主体が相互作用しており、このゲームを何度も繰り返す。このモデルでのミクロ変数は各主体の選んだ行動であり、マクロ変数は勝者側の行動である。

次に、主体のモデル化について述べる。本研究では、個々の主体が社会で起きていることを内部化し、それに基づいて予測して行動することを想定する。それができるように、学習可能な内部ダイナミクスを持つ人工ニューラルネットワークをエージェントのモデルに用いる。主体は、マクロ変数である勝者側の行動系列を予測するように学習する。この学習を通じてマクロ変数の時系列を内在化する内部モデルを作り（外部状況の概念化）、その内部モデルに基づいて現在のマクロ状態から次の状態を予測して自身の行動を決定する。例えば、二つの行動として行動1と−1があり、行動1が一〇回続けて勝者側になっていたら、ある主体は内部に「1が常に勝者側」というモデルをつくるかもしれない。この主体はこれに基づいて、次も1が勝者と予測して1という行動を取るだろう(3)。

各主体が次のマクロ状態を予測するとはいえ、予測の対象となる観察した現象は過去のものである。そして、マイノリティゲームにおいて、多くの主体が勝者側の行動について同じ予想を出して同じ行動をすると勝者にはならない。例えば前述の例で、過半数の主体が行動1を次の勝者だと予測して行動を取る

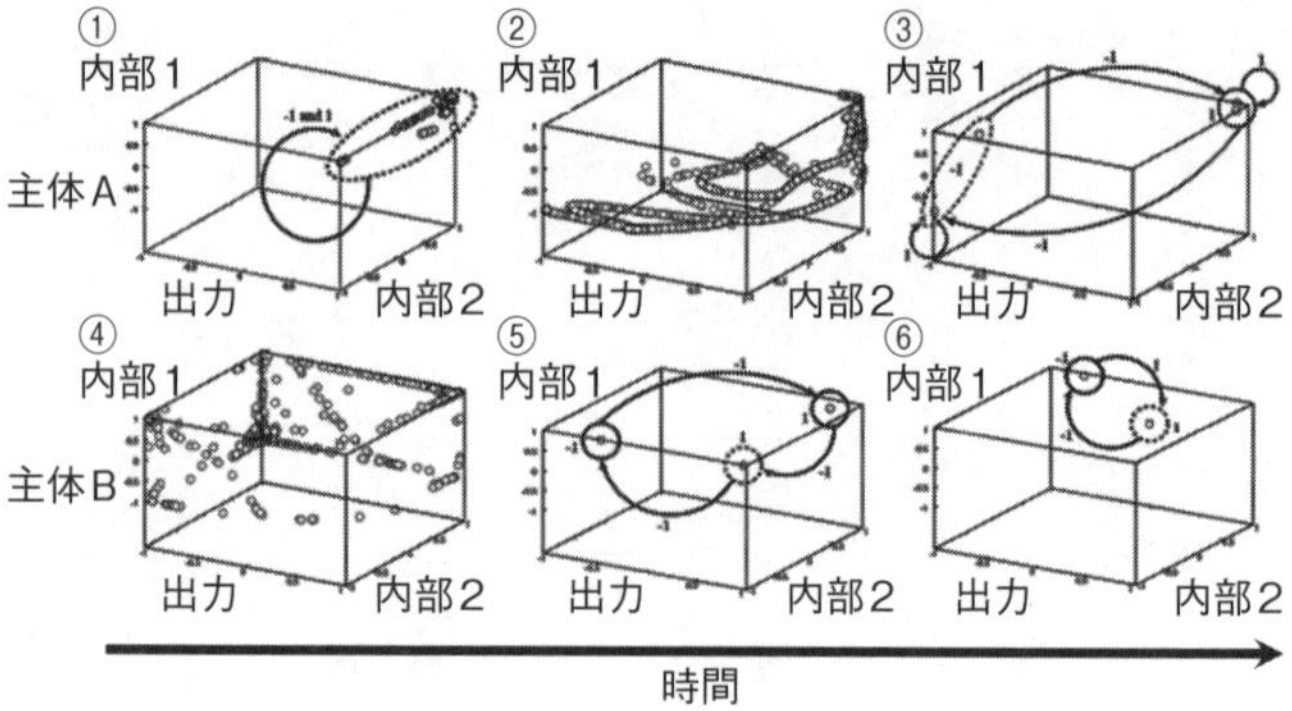

図 6-2　主体の内部構造の変化の例（佐藤（2005）より修正して引用）
各グラフはある主体・ある時点での、2 つの内部変数と出力の値をプロットしている。点線で囲んだ状態は同じ出力を出す部分。その間を結んでいる矢印は入力による変化を示している。上段（①〜③）と下段（④〜⑥）は異なる主体の内部状態を表し、同じ位置にある対（①と④等）は同じ時間での 2 主体の内部構造を表す。1 つの主体でも学習によって内部構造が変化するし、同じ時間でも異なる主体は異なる内部構造を持つことが分かる。

と、実際には1はマイノリティではない。みんなが1を勝者だと予想するだろうからその裏をかいて−1という行動を取れば勝者になれそうに思うが、他の主体も同様に考えるならばやはり−1が勝者にはならない。他の全主体の行動モデルを内部モデルとして持てるならばうまくいくマクロ変数の予測ができるかもしれないが、本研究ではそれほど主体の能力を高くは設定していない。実際の社会的な行動でも景気動向や技術の方向性といった「社会全体の動き」はなんとなくモデル化しているだろうが、多くの他個体各々の行動モデルを各個体が持っているとは考えにくい。

このように、マイノリティゲームで表される競争的な相互作用がある状況では、全主体がマクロ状態を予測し勝者（少数派）になろうとしても、予測するのは簡単ではない。主体の多様性の表れとしてエージェントによってニューラルネットワークの初期状態が異なるようにしていることもあり、まったく同じマクロ変数の系列を内部化しても、作られる内部モデルは様々であり、どんどん変わり得る。シミュレーション結果の例として図6-2に二つの主体の内部モデルとその変化を示した。同図の①③⑤⑥のように、内部状態が少数の点で表される場合は、単純なオートマトン[4]として行動の仕方が固まっている場合である。例として③の振る舞いを解説する。この図では、左の方にある点（点線で囲まれた部分）は次が−1が少数派と予測する（行動として−1を取る）内部状態で、右側の点（実線で囲まれた部分）は次の勝者側を1と予測する内部状態である。この二つの内部状態の間を結んでいる線の横に1か−1が書かれているが、これは、マクロ状態（現在の勝者）に応じて主体の内部状態がどう移り変わるかを示している。1が書かれている線は同じ状態に戻っており、−1が書かれた線は異なる状態へ遷移している。したがって③は、「もし現在の勝者側（マクロ状態）が1であるならば現在自身が取った行動（ミクロ状態）と同じ行動が勝者側になると予測し（すなわち、自身の行動が1であれば1が次の勝者、−1であれば−1が次の勝者）、勝者側が−1であるならば次の勝者側の行動は変わる（自身の行動が1であれば−1が次の勝者、−1であれば1が次の勝者になる）と予測する」という内部モデルをつくっている。このような単純な内部モデルの主体が社会の多数を占める場合のマクロ変数の時系列は、固定や周期状態などの単純な構造を持つ。

時に、内部状態が図6-2の②のような複雑なものになっている場合がある。この状態が右に説明した①③⑤⑥と明らかに異なるのは、内部変数が少数の離散的な状態ではなく連続的な変化をしている点である。エージェントの行動の解析より、②の状態の持っているダイナミクスはカオス的になっていることが分かっている。カオスとは初期値鋭敏性のある非周期的な運動のことであり、小さな変化が収まるのではなく拡大される[5]。大きな変化に大きな原因があるわけではなく、小さな変化が拡大されて大きな変化にな

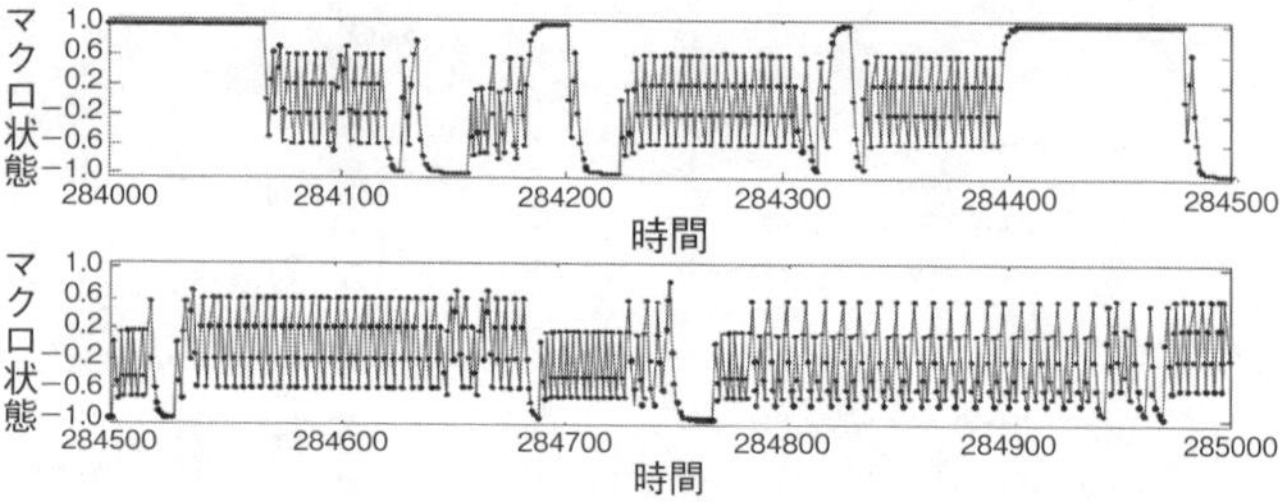

図 6-3 マクロ変数のダイナミクス（佐藤・橋本 2005）
横軸は時間で上段の続きが下段。縦軸は、マイノリティゲーム 10 回分のマクロ変数（1 または−1）を現在ほど重みが高くなるように重み付き平均をして表している。すなわち、縦軸の値が−1.0 になっている場合はそれまで 10 回連続して行動−1 が勝者である状態が続いたことを表す。この図では、マクロ状態の値そのものよりも、その時系列の構造とその変化に着目してほしい。固定点の状態やいくつかの異なる周期状態がしばらく続き、その間を移り変わっている様子が分かる。

り得る。②のような内部状態を持つ主体が多数存在する場合のマクロ状態の時間変化を図6-3に示した。この時間変化は、ランダムではなく、また周期的でもない。しばらく同じマクロ状態が続く固定的な状態や周期的な変化がある期間続き、何種類かの異なる周期的状態の間を非周期的な変化を経て移り変わっている。図6-3のような時間変化は遍歴的ダイナミクスと呼ばれる。図6-2の②で表されるような内部にカオス的ダイナミクスを持つ主体の行動は、観察する外部状態のちょっとしたゆらぎにより、がらっと変わる可能性がある。そして、そのような主体が社会に多く存在すると、個々の行動のゆらぎが相互作用を通じて拡大して行き、最終的には社会の状態が変わることになる。それを典型的に表しているのが図6-3の遍歴的ダイナミクスである。このようなダイナミクスは、固定点や周期になっている期間では予測可能性があるが、それは長くは続かず、異なる時間構造へと予測不可能な形で移行する。

このマルチエージェントシステムを、作用するもの・されるものという観点で解釈する。個々の主体は「予測する」という作用を持っており、その実態は社会状態に基づいた学習を通じて作られる内部モデルである。この予測作用は現在の社会状態に応じて予測＝次の行動を出力する。その結果、予測通りに勝者になれるのであれば、予測作用の関数＝内部モデルを変える必要はないが、外れた場合は学習を通じて予測関数を変更する。もし、他者と同じ行動を取れば良いような相互作用、すなわち、前述の車の走行レーンの例で見たような協調的な相互作用をしているマジョリティゲームであれば、「多くの主体は左側を走る」と予測し自身もそう行動するということを多くの主体が行うので、予測作用と行動は相互規定的に整合する。したがってこのような場合には、「これまでみんなは左側を走っていたから次も左側を走るだろう」という過去の外挿が成功し、図6-3のような複雑なダイナミクスは生じ得ず、ミクロもマクロも単純な固定点に落ち着く（佐藤 二〇〇五）。だが、ここで見たように、予測対象が物理的な現実ではなく社会成員の行動だけから決まるようなものに対して競争的な相互作用をしている場合には、予測が当たり続けることは非常に困難である。

この検討を予測という語りの場合に当てはめて考えてみる。ある人の「予測（という語り）」を誰も信じない場合、予測は行為遂行的にはなり得ない。もし予測をより正確なものに改善しようとするならば予測関数が変化する。したがって、「予測する」という「作用するもの」と「予測」という「作用されるもの」は、予測がうまくいかなかったときに分離不可能性が生じる。予測作用が実際に改善されると、それに従って動く人々が出てくる可能性が高まり、予測は行為遂行的な性質を得ていくだろう（図6-4）。ここにはポジティブフィードバックの関係がある。すなわち、多くの人が予測に従った行動を取り、社会がマジョリティゲーム的な様相を呈するならば、さらに多くの人が予測に従って行動するようになり、予測は行為遂

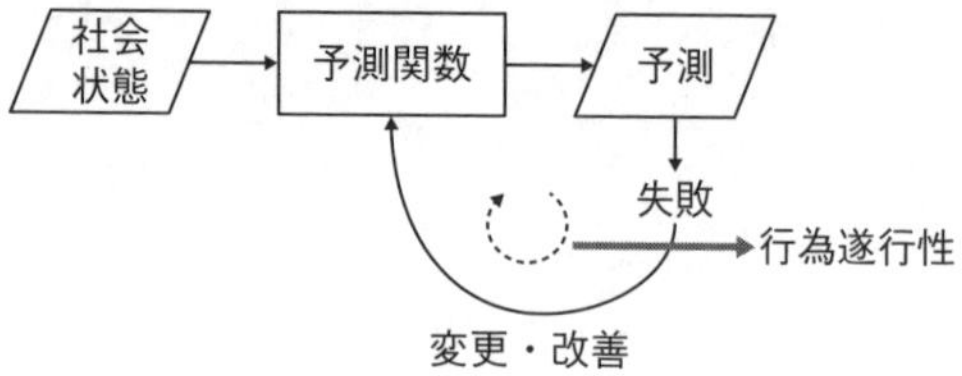

図6-4　予測が行為遂行性を得るルート（筆者作成）
予測の失敗に応じた変更・改善を繰り返すことにより予測は行為遂行性を得るポジティブフィードバックが働く。予測という「作用するもの」（予測関数）は、過去・現在の社会状態に基づいて予測を出すが、予測がうまく当たらない場合はその失敗に基づいて予測関数を修正する。すなわち、予測の失敗が予測関数に作用する。この改善が繰り返されて予測が当たり予測関数に信頼性が出てくると、人々は予測に基づいた行動を取るようになる。すなわち、予測は行為遂行性を獲得し、予測が当たるだけでなく予測を実現するように現実がつくられるようになるので、予測関数の信頼性はさらに上がるポジティブフィードバックが働く。

行的となる。予測という「作用するもの」、予測という語りという「作用されるもの」、それに応じて動く個々の主体の内部モデル（行動という「作用されるもの」を生む「作用するもの」）が相互規定的、整合的、そして、固定的になることが予想される。

「予測という語り」を「作用するもの」と捉え、行為遂行性に着目すると、「作用されるもの」は予測によって駆動される人々の「行動」であり、その総合としての「社会」である。前節で例に挙げたような個人的な語り（認識）、あるいは二者の間でのやりとりとは異なり、予測は社会的な（社会に関する・社会に向けた）語りである。予測という語りの字義通りの意味は、技術的・自然科学的に客観性がある装いを持つ場合があるが、個々の語りと社会認識という全体の間での解釈学的循環によって決まる社会的な含意を持つ。本節で述べてきたマルチエージェントシステムに合わせていうならば、社会現象に対する解釈・学習を通じて社会のモデルが個々の主体に創発的に内在化される。もし、そのモデルがカオス的ダイナミクスを内包するようなものになっているならば、小さな行動のゆらぎが拡大し得るので、多様な解釈と多様な行動を原理的に生み出し得る。社会における行動の連鎖の中でもゆらぎが拡大し得る。また、先行者利益や逆張りによる利益獲得の可能性といった競争的な相互作用は技術開発や投資が重要である資本主義的な社会に典型的であり、そこではマジョリティーゲーム的な状況が維持されるとは考えにくい。このように考えると、資本主義的な社会で多様な主体がそれぞれに予測し、予測という語りに基づいて行動するならば、予測不可能で複雑な社会構造の遍歴的ダイナミクスが生じる可能性、したがって、作用するものとされるものの分離が破れる可能性をはらんで動いていくだろう。

ミクロ・メゾ・マクロ・ループとルール生態系ダイナミクス

(1) ミクロ・メゾ・マクロ・ループにおける予測

ミクロとマクロの間のリンクの中で、予測はどこに位置づけられるだろうか。私は予測はミクロとマクロの間をつなぐ位置＝メゾにあると考える。技術予測が出されたことで研究開発投資が増大すると、それは予測に対する社会的帰結＝マクロ現象を引き起こすが、予測そのものは社会的帰結ではない。一方、予測が単に一主体のミクロな語りに留まるならば未来の社会をつくり出せない。予測に応じて動く主体の行動はミクロに位置づけられるが、予測によって社会の状態がつくられる場合は、予測やその意味について人々は共有された観念を持つ。技術トレンドが示されそれに乗っていこうと考え行動するように、あるいは逆に、ある予測を避けるように、(一部の)人々の思考・行動を規定する共有された価値観や意識をつくり出す。これは Veblen (1899) が「社会の多数の成員に共通の行動様式」とした制度の一種と考えられる。

このように、ミクロとマクロをつなぐ中間層として制度を想定する社会モデルを「ミクロ・メゾ・マクロ・ループ」という(図6-5)(西部 二〇〇五；橋本・西部 二〇一二)。個々の主体の行動は制度を介して社会的

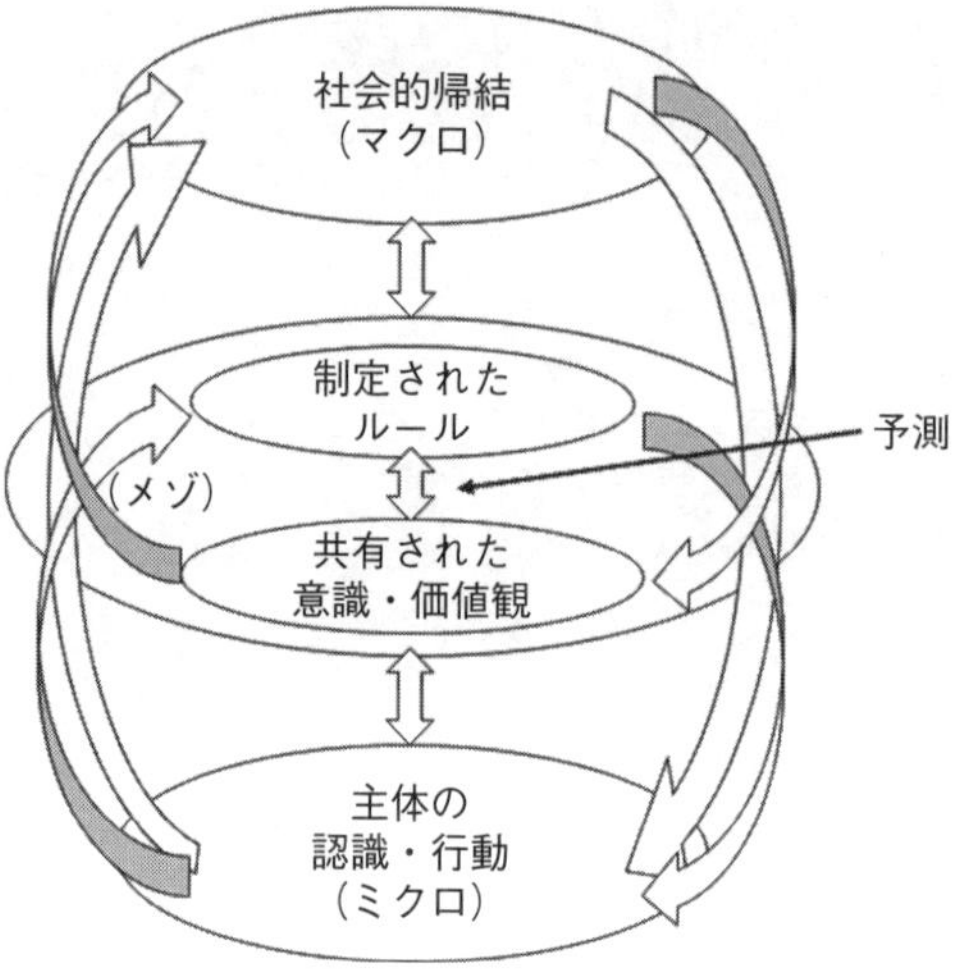

図6-5　ミクロ・メゾ・マクロ・ループ(小林・西部・栗田・橋本(2010)を筆者改変)
メゾは、ミクロ(主体の認識・行動)とマクロ(社会的帰結)をつなぐ位置にあり、制度にあたる。メゾは「制定されたルール」と「共有された意識・価値観」からなる。予測は、制定されたルールと共有された意識・価値観の中間に位置づけられると考えられる。

帰結となり、それはまた制度という共有意識を介して主体の認識や行動に影響を与える。その中で、メゾの制度がつくられ変化していく。第2節で見た、語りが生み出しかつ語りを支えるようなコミュニケーションシステムもメゾにある制度の一種だと考えられる。予測という語りにドライブされて「つくられる社会」というのは、結果として生じる社会的帰結=マクロの前に、まずは、人々の思考・行動を規定する制度=メゾを形成すると見るべきだろう[6]。ミクロ・メゾ・マクロ・ループでは、メゾは二種類あり、一方は法律のような制定されるルール、もう一方は共有された価値観や意識で、ミクロ主体の中から相互作用を通じて自生してくると考える。前者は、よりマクロに近いので図6-5ではメゾの中で上側に、後者はよりミクロに近いので下側に位置づけている。予測という語りは、単なる一主体の語りではなくまた制定されたわけではないため、メゾの中でもさらにこの両者の中間に位置すると考えられる。しかし、公的機関、専門家やその組織、有力企業家などが予測を出す場合、制定されたルールに近いようなある種の権威を伴って受け入れられる。また、行為遂行性が高まるということは、予測を所与のものとして行動する意識や価値観が共有されていることになる。したがって、予測は制度のような性質を持つ。

ミクロ・メゾ・マクロ・ループを制度設計のモデルとして見ると、メゾの上側の制定ルールが政策的に調整できる部分になる。なんらかの政策の実施が主体の行動を変え、社会的帰結を導くと共に、共有意識も変えていく。この共有意識の変化がすなわち制度の変化であり、ルールの制定はその起点にすぎない。予測を社会のデザインツールの起点とすることもできる。ガートナーのような技術系コンサルタントが発表する技術トレンド予測やリフレ派の経済予測は、制度設計ツールとしての予測とみなせる。

（2）ルール生態系ダイナミクスの振る舞い

ミクロとマクロの間をつなぐ制度をつくり出すものとして予測を位置づけたが、次に、制度のダイナミクスのモデルにより予測が社会に影響を与えることについて検討しよう。われわれは現実を認識し行動し他者と相互作用する。現実あるいは社会とは人々の行動や相互作用の帰結を規定し、どのような行動があり得るか、自分と他者がその選択肢の中で行動を選んだとき、それぞれに生じる帰結はどのようなものかを決める一種のルールのような働きをする。ここでルールとは、メゾにおける制定されたルールだけではなく、共有された意識・価値観も含む。なぜなら、これらは、ある場面で取るべきと想定されている行動や取られた行動に対する反応として、すなわち、規範や常識として行動や帰結を社会的に規定するルール的な働きがある。予測により現実が社会的につくり出されるというのは、ルールが所与ではなく、予測に応じた行動がルールに影響を与え、ルール自体を変えていくようなプロセスとしてモデル化できる。ルール＝作用するもの、行動の仕方（戦略）・帰結＝作用されるものとしたときに、作用されるものから作用するものへの影響があり、作用するものが不変ではない、というものになる。これをわれわれは「ルールダイナミクス」と呼んでいる（Hashimoto and Kumagai 2003；橋本 二〇〇六）。すなわち、社会のルールが所与ではなく、社会のルールの中での振る舞いによってそのルール自体が変更されるというダイナミクスである。

ルール生態系ダイナミクス（Rule Ecosystem Dynamics, RED）（Hashimoto and Nishibe 2005；橋本・西部 二〇一二）はこのルールダイナミクスの一部を記述するモデルである。[7] このモデルではルールをゲームの利得行列として表現する。複数の行動主体と複数のゲーム（ルール）があり、各ゲームで取る手（行動）を決めた戦略を持つ主体が全てのゲームをプレイし、その結果として各ゲーム（利得行列）で規定された利得を得る。各ゲームにはそれぞれの重みがあり、主体が得る総利得はこの重みつき平均であり、その結果に応じて戦略を変える。ここでは、全主体の平均より利得が低い主体ほど高い確率で戦略を変え、平均よりも高い利得の主体の戦略を模倣しやすいという社会学習を考える。そうすると、結果として高い利得を生み出す戦略を採用する主体の相対頻度が増す。[8]

さらに、ゲームの重みが主体群の行動結果によって変化する法則（メタルール＝ゲームを評価するルール）を導入する。例えば、全体としてより大きな利益を与えるルールほど高く評価する利益志向、最大多数の最大幸福に最も近い帰結を与えるルールを重視する功利主義、できるだけ格差を少なくするルールを評価する平等主義といった、社会を構成する人々が持つ基盤的な価値意識がメタルールと考えられる。そして、ゲームの重みは、各ゲームの評価と平均の差に応じて増減するものとする。

メタルールの具体例を設定してREDの振る舞いを見てみよう。最初の例は、より高い利得が得られる

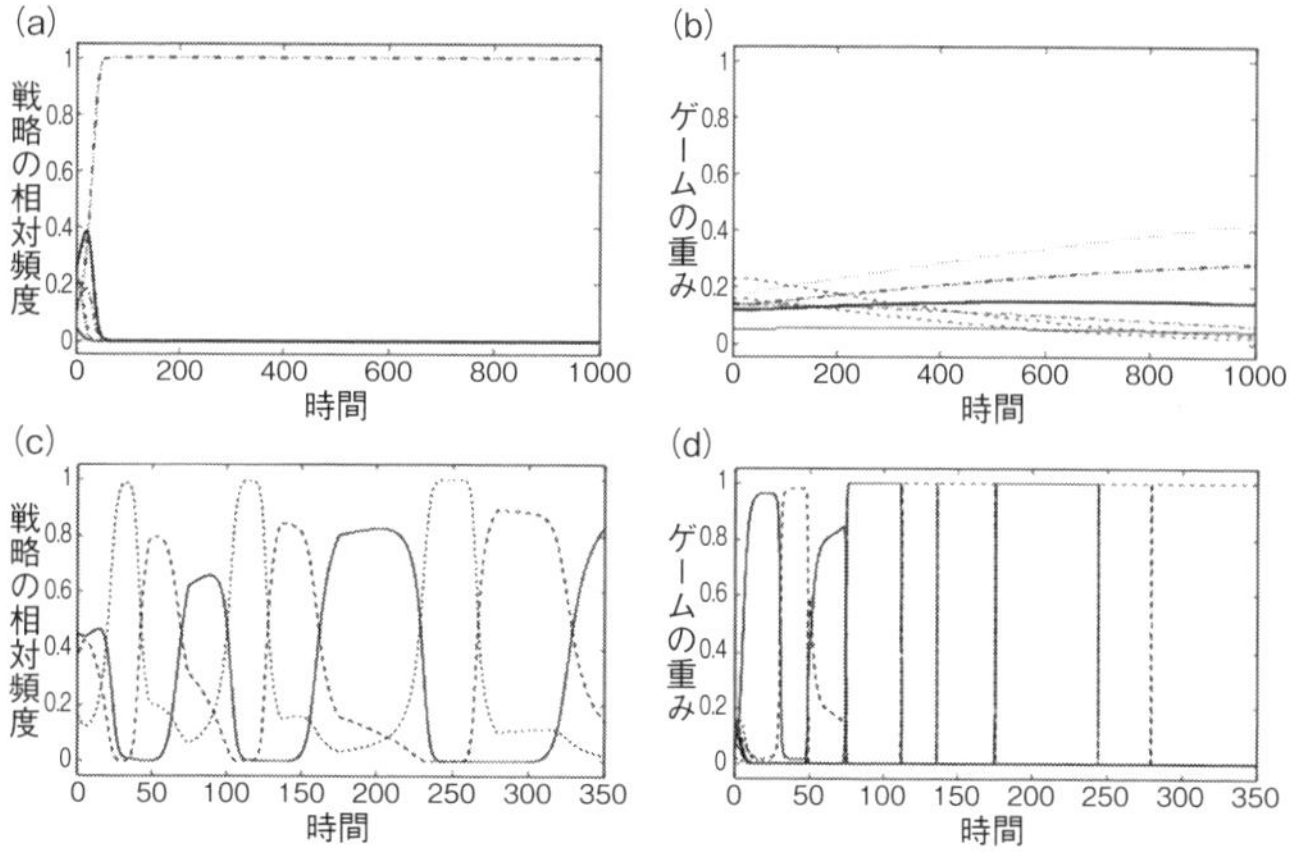

図 6-6　ルール生態系の典型的なダイナミクス
(Hashimoto and Nishibe 2005)

平均利得型メタルールの場合（戦略は 5 種類、ゲームは 7 種類）の戦略の相対頻度 (a)、ゲームの重み (b)。逆分散型メタルールの場合（戦略の数は 3、ゲームの数は 10）の戦略の相対頻度 (c)、ゲームの重み (d)。ともに初期状態の頻度、重みはランダム。

ルール（社会）が良いとする「平均利得型メタルール」である。各戦略が採用される程度を示す相対頻度の時間変化（図6-6(a)）からわかるように、すぐにある戦略の頻度が高まりほとんど全主体が採用する状態になる。そして、ゲームの重み（図6-6(b)）も単調に増加あるいは減少し、いくつかのゲームの寡占状態になっていく。ある戦略が成功し頻度が増すと、その戦略が得点を稼ぐことができるゲームが評価を高め相対的に重要視されるようになる。そうすると、そのゲームにおいて成功する戦略が頻度を増す、という繰り返しである。

ゲームが一つの社会あるいは現実を表すとすると、この結果は、みんなが同じ現実を選びとることが有利であり、それとは異なる現実に賭けることは相対的に不利となるので、外れるような行動を取る人がいなくなるというダイナミクスである。第2節で見た協調的行動により制度が形成される場合に相当し、多くの制度にはこのような自己拘束的な性質がある（青木・奥野 一九九六）。もし完全に現実が社会的に作られるだけで、それに誰もが不満を持たないのであれば、その現実は強化され続け、そこから外れるインセンティブはない。むしろ、多くの人はその方向から外れないように、あるいは、その方向への動きに遅れないようにする。「みんながある行動を取るから自分もその行動を取る」とみんなが思っているからみんながますますその行動を取るようになるという、再帰的なポジティブフィードバックによって社会がドライブされているような、すなわち、相互強化する共同幻想のような状態である。経済的には、「株価があがる」という語りにみんなが賭けて行動することで、現実として株価が上がり続けるというバブルが生じている状態である。

ムーアの法則は、多くの人がその法則（と呼ばれているが実際には予測という語り）を信じて行動した（予測の描く未来＝社会が変化した先の状態を現実として選びとり行動した）ことで法則自体（予測）が成立するというポジティブフィードバックの状態がかなりの期間続いたものと言える。半導体の集積度、したがってコンピュータの計算能力・記憶容量が指数関数的に高まるという予測によって生み出される現実の方向に多くの企業家が乗っていこうとする。それによって実際にコンピュータの計算能力が指数的に高まり、ユーザも恩恵を受け、社会的な価値もつくり出されてきた。語りの作用するもの・されるもの、社会と個々人の作用するもの・されるものが、相互足場かけをして発展し、結果として、ムーアの法則は物理的に集積度が高められない限界まで成り立った。

次に平等主義に相当するメタルールを見よう。モデル上では、利得の分散が小さいゲームを高く評価する「逆分散型メタルール」として導入する。この場合は、平均利得型とまったく異なり、ある戦略の頻度が高まっても長続きせず、別の戦略に取って代わられることが続く（図6-6(c)）。そして、ゲームのダイナミクス（図6-6(d)）も、ある時点で一つのルールが支配的になるものの、支配的ルールの急激な交代が繰り返される。

この逆分散型のメタルールの下では、だれか少数が勝ち続けるような、あるいは、負け続けるような現実（格差社会）は良くないという集合的意識がある状態であり、ある時点での戦略分布でみんなが同程度に利得を得られるゲームの重みが増加していく。つまり、その時点の社会状態で多数が同程度に豊か・幸せな現実を目指す、そういうルールの重みが高まり、結果として相対的により平等主義的な現実が選びとられる。だが、どのような現実の中でも必ず格差はある。平等な結果を生み出すゲームの重みが高まるが、重みが高まった分、各主体の総利得の差も大きくなり、そのゲームの評価が下がる。これは、ネガティブフィードバックの仕組みである。ネガティブフィードバックとは、「出る杭は打たれる」を基本とするが、ここでは、出る杭を打つというより、出る杭をつくり出す現実を否定し改善しようとする。一方このモデルでは、個々の主体はより良い利得を得るよう社会学習することを前提にしている。すなわち、利得の高い戦略の頻度が高まるポジティブフィードバック（「出る杭が伸びる」）が働いている。ネガティブフィードバックとポジティブフィードバックが複合する場合には、このような複雑なダイナミクスが生じやすい。

制度のダイナミクスを記述しようとしたREDは、ミクロ・メゾ・マクロ・ループのモデルでもあり、メタルールはメゾに位置づけられる（橋本・西部 二〇一二、一四八頁、図5）。メタルールはどのような現実を良しとするかの原則を表し、未来をつくっていく原動力という意味で予測の語りと結びつく。技術予測のように概ねポジティブな語りの場合、その予測（語り）が実現されることに多くの人が賭ける・信じて行動する（実現に向けた投資や開発をする、実現した場合を踏まえて行動する）のであれば、ポジティブフィードバックの働く平均利得型のメタルールが存在する社会と見ることができる。一方、格差社会は良くないという意識が共有されている、逆分散型のメタルールがあるような状況、すなわち、ネガティブフィードバックが働くメタルールがある状態で、「今後格差が広がるだろう」という予測が語られたなら、人々はその予測が実現されない方向に行動するだろう。例えば、累進課税を強化することに賛成したり、過疎地域の活性化に尽力したり、あるいは、すでに格差が大きく広がっていて人々の許容範囲を超えるならば、革命を起こすかもしれない。すなわち、「格差が広がる」という予測は行為遂行性を持つが、自己実現的ではなく自己破壊的な形で現実をつくる。だが、実際には、第2節でも前提としたように、各主体はできるだけより良い結果を得られるようにと意思決定すると考えれば、上記のようにどのような状況でも格差は存在するので、その差は拡大し得る。例えば、プロレタリアート革命によって資本家と労働者の格差が解消されたとしても、新たに成立した体制で権力を持つ人とそうでない人の間には格差があり、それを解消するようにまた革命が起きるかもしれない。このプロセスは繰り返されることになる。このように、ネガティブフィードバックとポジティブフィードバックが複合している場合には、社会の支配的ルールが一時的にしか安定せず、ある種の予測は自己破壊的な行為遂行性を持つ可能性がある。もしそのような状況で、社会は安定している方がよいという意識が高まってくるなら、これはポジティブフィードバック的に働き、権力や財力を有するものはそれを再生産することができるので、格差の固定にいたる。実際の社会では、つねにポジティブとネガティブのフィードバックが複合的に働いている。結果として、図6-6の両者を複合させたより複雑なダイナミクス、すなわち、予測によってつくられ共有され強化される現実が強固になるとともに、それが突然破れ、転換が生じるような振る舞いが予想される。そして、前節からの考察と合わせて考えると、この転換の時間間隔自体が予測不可能な遍歴的なダイナミクスになるだろう。

結　論——複雑系科学からみた予測

複雑系科学は、相互作用とダイナミクスに力点を置くという特徴を持つ。また、物理学、生物学、社会学など通常の科学の分野のように対象で世界を切り分けるのではなく、様々な「複雑な」対象の横串を通すような視点を提示し様々な対象を貫く分析をしようとする。(9) 本章で提示したのは、「作用するものと作用されるものの分離不可能性」という観点である。これにより、構成論的アプローチの研究を参照しながら、語りと認識の相互作用の進化言語学的な分析と、個人と社会の相互作用の進化経済学的分析を貫くことで、予測という語りの作用とそこから生じ得る社会のダイナミクスの複雑さについて考察してきた。

この予測という語りがつくる社会に関する複雑系科学からの考察をまとめると、次のようなシナリオになる。状況認識・概念構築という語りの内在的作用によってつくられた社会的な語りとしての予測が、ミクロ（個々人の認識や行動）とマクロ（社会的帰結）の間をつなぐメゾ（制度）の位置に提示される。それが、意図共有の能力を通じてミクロの思考と行動に影響を与え、そして、マクロの変化を引き出しながら、共有された思考・行動の型を生み出す。さらに、「作用するものと作用されるものの相互足場かけ」による累積的な概念構築を促すという形で社会がドライブされていく。ここには、個人の中と個人間の関係の両方においてゆらぎが拡大し得る構造、そして、ポジティブフィードバックとネガティブフィードバックの複合により、複雑な変化、特に、支配的な社会ルールの強化と突発的な転換の遍歴的なダイナミクスが生じる可能性を指摘した。

本章で参照したモデル、および実験やシミュレーションによって「構成されたシステム」は、実際の「社会」を真に捉えるには、あまりに単純化されたものである。通常の社会学や科学技術社会論のように、現実に社会で起きていることを具体的に分析しそこから社会の実際のメカニズムを実証できるわけではない。そうではあるが、単純化するがゆえに本質の一端を捉え、そして、実験室やコンピュータの中で実際に動かして分析・考察することができる。この分析・考察を通して、あり得るダイナミクスとその裏にあるメカニズムについて洞察を得ようとしている。

本章での考察は「予測という語り」を直接含めたモデルにはなっていない。前半は語りの性質について、後半は個人の行動でつくられる社会のダイナミクスについて、分けて論じた。これらを結びつけることで予測を直接含めたモデルを構築して動かすことができ、それによって予測が生む社会をさらに構成論的に検討することに繋がるだろう。

（1）　日本銀行が発表する「全国企業短期経済観測調査」（「日銀短観」と呼ばれる）で発表される景気判断指数の中心となる業況判断指数が日本ではよく参照される。
（2）　言語が持つこの性質は「構造依存性」と呼ばれる。
（3）　ニューラルネットワークの初期状態（ニューロン間の結合重み）はランダムに決めるので、同じマクロ時系列に対してもエージェントによってつくられるモデルは異なる。何度も同じ行動が勝者になる状況が続いても、エージェントによっては次もその行動が勝者側（マイノリティ）になると予想する場合もあれば、次は異なる方の行動が勝者になると予想する場合もある。

（4）オートマトンとは、現在の状態と入力だけに基づいて次の状態が決まるような自動的に動く機械のことである。自動販売機が典型的なオートマトンである。待機状態に一定額以上のお金が投入されると商品の選択可能状態になる。この状態で商品ボタンを押すという入力が入ると、その商品を出力する。商品を出すとお釣りを計算する。お釣りを出すと、また待機状態に戻る。

（5）カオスの初期値鋭敏性は「バタフライ効果」とも呼ばれる。すなわち、北京で蝶が羽ばたくとニューヨークで嵐がおきるような、微少なゆらぎが大きな変化に繋がる現象を生み出す。

（6）ここで「メゾ」は、主体の思考・行動（ミクロ）と社会的帰結（マクロ）を媒介するものという意味で使っており、規模として社会と個人の中間レベルの組織やコミュニティなどの意味ではない。

（7）REDでは社会自体を「作り出す」という点は入っておらず、所与のルール群の結合の仕方が行動とともに変わるというモデルである。しかし、重みづけの変化により合成された社会全体の状態は既存選択肢から選ぶだけというわけではない。予測という語りによって未来を作り出すという点は陽には入っていない。

（8）利得の平均からの差に応じて戦略の頻度が増減するようなダイナミクスをリプリケーター・ダイナミクス（replicator dynamics）、あるいは自己複製子動学という。

（9）これは複雑系科学の一つのルーツである非線形科学から引き継ぐ性質である。蔵本（二〇〇三）は、「なにがどうあるか」の「なに」に着目する通常の科学分野に対して、非線形科学は「どうあるか」に着目して世界をある意味で統一的に理解しようとする「述語的統一」をしようとしているとする。

参考文献

青木昌彦・奥野正寛　一九九六：『経済システムの比較制度分析』東京大学出版会。

蔵本由紀 二〇〇三:『新しい自然学——非線形科学の可能性』双書 科学/技術のゆくえ、岩波書店。

小林重人*・西部忠*・栗田健一・橋本敬 二〇一〇:「社会活動による貨幣意識の差異——地域通貨関係者と金融関係者の比較から」『企業研究』中央大学企業研究所、一七号、七三—九一頁。(equal contribution)

金野武司・森田純哉・橋本敬 二〇一三:「コミュニケーションシステムの形成過程に見る知識共創の基盤」『知識共創』三号、Ⅲ8-1—Ⅲ8-10。

佐藤尚 二〇〇五:「内部ダイナミクスを持つエージェントによる動的社会シミュレーション」北陸先端科学技術大学院大学博士論文。

佐藤尚・橋本敬 二〇〇五:「社会構造のダイナミクスに対する内部ダイナミクスとミクロマクロ・ループの効果」『情報処理学会誌　数理モデル化と応用』四六号、八一—九二頁。

塩沢由典 二〇〇〇:「ミクロ・マクロ・ループについて」『経済学論叢』一六四巻五号、一—七三頁。

西部忠 二〇〇五:「進化経済学の現在」『経済学の現在2』吉田雅明編、日本経済評論社、三—九五頁。

橋本敬 二〇〇六:「ルールダイナミクス」『進化経済学ハンドブック』進化経済学会編、共立出版、五五〇—一頁。

橋本敬 二〇〇八a:「構成論的手法」『ナレッジサイエンス　増補改訂版——知を再編する81のキーワード』杉山公造・永田晃也・下嶋篤・梅本勝博・橋本敬編、近代科学社、一七六—八一頁。

橋本敬 二〇〇八b:「複雑系」『ナレッジサイエンス　増補改訂版——知を再編する81のキーワード』杉山公造・永田晃也・下嶋篤・梅本勝博・橋本敬編、近代科学社、一六六—七一頁。

橋本敬 二〇一三:「自然化すれども還元せず——複雑系科学の立場から」『経済学に脳と心は必要か?』川越敏司編、河出書房新社、一八五—二〇五頁。

橋本敬・西部忠 二〇一一:「制度生態系の理論モデルとその経済学的インプリケーション」『経済学研究』六一巻四号、一三一—五一頁。

Alexander, J. C., Giesen, B., Munch, R., and Smelser, N. J. (eds.) 1987: *The Micro-macro Link*. University of California Press.(『ミクロ-マクロ・リンクの社会理論——「知」の扉をひらく』石井幸夫ほか訳、新泉社、一九九八年)

Hashimoto, T., and Kumagai, Y. 2003: "Meta-Evolutionary Game Dynamics for Mathematical Modelling of Rules Dynamics,"*Advances in Artificial Life* . W. Bnzhaf, et al. (eds.), Springer, pp. 107-117.

Hashimoto, T., and Nishibe, M. 2005: "Rule Ecology Dynamics for Studying Dynamical and Interactional Nature of Social Institutions,"*Proceedings of the 10th International Symposium on Artificial Life and Robotics* (CD-ROM).

Hashimoto, T., Sato, T., Nakatsuka, M., and Fujimoto, M. 2008: "Evolutionary Constructive Approach for Dynamic Systems," *Recent Advances in Modelling and Simulation*, G. Petrone and G. Cammarata (eds.), I-Tech Books, pp. 111-36.

Harari, Y. N. 2014: *Sapiens: A Brief History of Humankind*. Harper.（『サピエンス全史——文明の構造と人類の幸福』上・下、柴田裕之訳、河出書房新社、二〇一六年）

Lakoff, G. 1987: *Women, Fire, and Dangerous Things: What Categories Reveal About the Mind*. University of Chicago Press.（『認知意味論——言語から見た人間の心』池上嘉彦ほか訳、紀伊國屋書店、一九九三年）

Polanyi, M. 1966: *Tacit Dimension*. University of Chicago Press.（『暗黙知の次元』高橋勇夫訳、筑摩書房、二〇〇三年）

Veblen, T. 1899: *The Theory of the Leisure Class: An Economic Study in the Evolution of Institutions*. Macmillan.（『有閑階級の理論』高哲男訳、筑摩書房、一九九八年）

第7章 過去に基づく未来予測の課題
――確率論的地震動予測地図

鈴木　舞・纐纈一起

1　地震を予測すること

自然を予測することは、古くから人々の夢であり、古代から占星術をはじめとして様々な予測が行われてきた。その一方で、複雑な自然現象を予測することは困難であり、しばしば予測が外れたとして多くの人々の批判の対象となってきた。

本章では、自然現象の予測の中でも、地震に関する予測を取り上げる。地震は、その被害が甚大であるため、それを予測することは常に強く期待され、古くから、そして世界的に研究が繰り広げられてきた。しかしその一方で地震の予測をめぐっては、その能否をはじめとして多くの議論が展開されてきた。特に日本では、東日本大震災以降、確率論的地震動予測地図という、地震動（地震による揺れ）の確率に関する予測について、かなりの論争があった。本章では、この確率論的地震動予測地図をめぐる論争を分析することで、地震に関する予測の特性を明らかにする。

確率論的地震動予測地図とは、地震発生に関するモデルに基づいて、数十年の範囲で将来、どこで、どのような大きさの地震動（地震の揺れ）が、どのくらいの確率で起こるのかを予測したものである。地震に関しては、一般的に予知が社会によって求められてきた。地震の発生に関して言えば、予知とは、いつ、どこで、どのくらいの大きさの地震が発生するのかを確定的に提示するものである。これに対して、数十年などの長期間において、どこで、どのくらいの大きさの地震がどのくらいの確率で起こりうるかを提示するのが、予測である。例えば、「一〇日以内に、東京で、マグニチュード七〜八の地震が発生する」というものが予知であり、「三〇年以内に、東京で、マグニチュード七〜八の地震が発生する確率は、五〇パーセントである」というものが予測である[(1)(2)]（日本地震学会理事会 二〇一二）。地震については、一九九〇年代に地震研究者の中から予知への悲観論が噴出し、一九九五年の阪神・淡路大震災の地震を予知できなかったことでその限界が明らかになった（泊 二〇一五：武藤ほか 二〇一三）。今日では予知が非常に困難であることは、多くの地震研究者の間で共有され[(3)]（日本地震学会理事会 二〇一二）、二〇一七年には政府によっても地震予知が難しいことが周知された（内閣府 二〇一八）。その一方で、長期間の幅の中で確率論的に検討する予測については、予知への批判の中で、それに代わりある程度正当性を持ったものとして、地震研究者や政策決定者にも受け入れられてきた[(4)]。しかし、地震動の予測結果を提示した確率論的地震動予測地図について、それが正しいかどうかが、東日本大震災以降大きな論争の的となった。

論争・モデル・データ

本章で扱う、確率論的地震動予測地図をめぐる論争を検討する際に、補助線となるのが、モデルとデータの関係である。未来の予測では、モデルが、現在見ることのできない未来のあり方を可視化するものとして、重要な役割を果たす。モデルはデータに基づいて作成され、そのモデルによって未来の形が提示されるが、第1章で福島が述べているように、未来に関するモデルは、過去のデータを利用して作成される。そしてモデル自体の正当性も、過去のデータに基づいて検証される。モデルが予測した未来が実際に起こっていれば、そのモデルの確からしさが上がり、その逆もしかりということになる。

モデル自体の正当性の検証とは、科学に関する論争と見ることができる。こうした科学論争については、科学技術社会論において伝統的に研究されてきた。実験結果による新規の科学的知見は、そのまま科学者集団に受け入れられるわけではなく、科学者間での論争を経てその正当性が確認される。その際、新たな実験結果に再現性があるかが重要になる。実験結果に再現性があれば、その知見は正しいということになる。この再現性の確認、再現実験に関しては同じ環境下で実験を行い、結果に再現性があるかどうかが判断される。その際、同じ状況下という条件の達成が難しいことが指摘されてきた。同じ実験材料、同じ実験機器、同じ実験方法、さらには同じスキルを身に付けた実験者等、実験に関する全ての状況を二つの実験室で同じくすることはほぼ不可能であり、再現実験の結果、再現性がみられなかった場合、新規の知見を提示した側は、「本来は再現性があるにもかかわらず、実験環境自体が同じでなかったから再現実験が失敗したのだ」と指摘し、再現実験の実施者は、「同じ環境下で実験を行ったにもかかわらず再現性がないのは、実験結果が正しくないからだ」と指摘する。再現実験の結果が正しいかどうかを判断するために、さらに第三者に実験を頼んでも、実験の同一性確保という問題はなくならない。こうした再現実験に付随する問題は、「実験者の無限後退（experimenters' regress）」と言われており、新しい科学的知見の正当性をめぐる論争が紛糾する要因とされてきた（Collins 1990; 1992; Collins and Kusch 1998）。科学論争の収束にはデータが重要な役割を果たしており、新たな科学的知見の検証のためには、その知見と同様のデータを利用する必要がある。従来の研究で明らかにされてきたのは、再現実験の状況を同じくすることが難しいために、検証するべき知見と同様のデータ（同じ実験環境に基づいて得られた結果）を得ることが難しいという点である。これは、本章で扱うモデルの正当性についても同様である。特定のモデルの正しさを検証するためには、モデルに関連したデータと同様のデータを利用する必要があるが、以下で述べるように地震に関するモデルの検証ではデータの同一性確保が困難を極める。

地震の特殊性

確率論的地震動予測地図をめぐる論争も、まさにこうした科学論争の一つであるが、本章で扱う地震に関する予測は、地震という現象の特殊性ゆえに、非常に限られたデータに基づいてモデルが作成され、モデルの検証がなされるという特性がある。地震動の予測に関する特定のモデルの正しさを評価するためには、予測された結果が実際に起こったかどうかを検討することが必要であるが、その際、モデルに関するデータのタイプと実際に起こったことのデータのタイプとを一致させる必要がある。例えばモデルによって得られるのが、地震の揺れ（地震動）に関するデータであるにもかかわらず、実際に発生した地震の揺れ以外のデータを利用して、モデルを評価することは適切とは言えない。科学論争における再現性問題については、実験条件の同一性が重視されるが、予測に関するモデル評価でも、こうした同一性、特にモデル評価で利用されるデータの同一性が重要になる。

しかしその一方で、地震という現象の特性ゆえに、同じデータを利用してモデルを評価することが難しい。地震は地下の巨大な岩盤の複雑な破壊現象によって生じており、その複雑さを理論的に研究することが困難であり、実大の実験も難しい。加えて、大きな地震は数百年から数千年に一度しか発生せず、データの蓄積が著しく遅い（纐纈 二〇一二）。地震は理論や実験、さらに実際の地震によるデータを得ることが難しいという特殊性を持ち、乏しいデータに基づいて、地震に関するモデルを作成し、モデルを評価する必要がある。そのため、限られたデータをどのように運用するのか、そしてそれらをいかに意味付けるかによって、モデルに対する評価が大きく変わり、モデルに関する検証、論争は収拾がつかなくなる。

自然に関する予測としてわれわれが日々接しているのは、気象に関する予測である。気象についてもその予測は長い歴史を持っており、天気や気温、降水量等、過去の多様な気象データを利用して気象モデルが作成され、気象の予測がなされる。地震に関する予測と比較した場合、気象の予測はそこで得られるデータが大量であり、日々の天候の状態によって予測が正しいかどうか、すなわち予測で使用されたモデルの検証が常になされている。少ないデータからモデルが作成され、モデルの検証も同様の少ないデータに基づいて、地震が起こったときにのみ可能である地震に関する予測と比較して、気象は十分なデータとそれに基づいたモデルによる予測がなされ、その予測結果が頻繁に精査されることで、一〇日程度の短期間の予測についてはかなりの精度が保たれていると言われている（オレル 二〇一〇：コックス 二〇一三：フレミング 二〇一二：水野 一九九八）。これに対して、前述の通り地震に関しては、長期的な推定（予測）についてはある程度可能であると言われているが、一方で予知と呼ばれる短期的な推定については難しいことが指摘されている[5]（泊 二〇一五）。

本章では、確率論的地震動予測地図をめぐる論争を分析することで、地震に関する予測の特性を、検証データのあり方から明らかにする。特に、未来の予測において、過去、特に過去のデータがどのような役割を果たしているのか、そして過去のデータをめぐる人々のダイナミズムを考察する。

2　確率論的地震動予測地図をめぐる論争

確率論的地震動予測地図とは

一九九五年に発生した阪神・淡路大震災を受け、全国にわたる総合的な地震防災対策推進のために地震防災対策特別措置法が制定された。この法を受け、行政施策に直結するような地震に関する調査研究を推進するために、総理府に、地震調査研究推進本部（以下、地震本部とする）が設置された（現在では文部科学省に設置）。地震本部には、地震研究に関する施策の立案や地震研究予算の調整、地震研究の広報等を掌る政策委員会と、地震関係行政機関や大学が実施した調査結果を収集し、地震に関する総合的評価を行う地震調査委員会とが設置されている(6)。

一九九五年以前は、地震の発生場所や規模を短期的、確定的に推定する予知が重視されてきたが、予知のための観測網が整った阪神・淡路地域での地震を予知できなかったことを受け、以降は地震に関する長期的な確率的評価を行う予測が重視されるようになった（cf. 泊 二〇一五）。地震調査委員会は、その活動の一環として、将来日本で発生する恐れのある地震による強い揺れを予測し、その結果を、全国地震動予測地図として公表している。全国地震動予測地図とは、地震発生の長期的な確率評価と強震動（地震による強

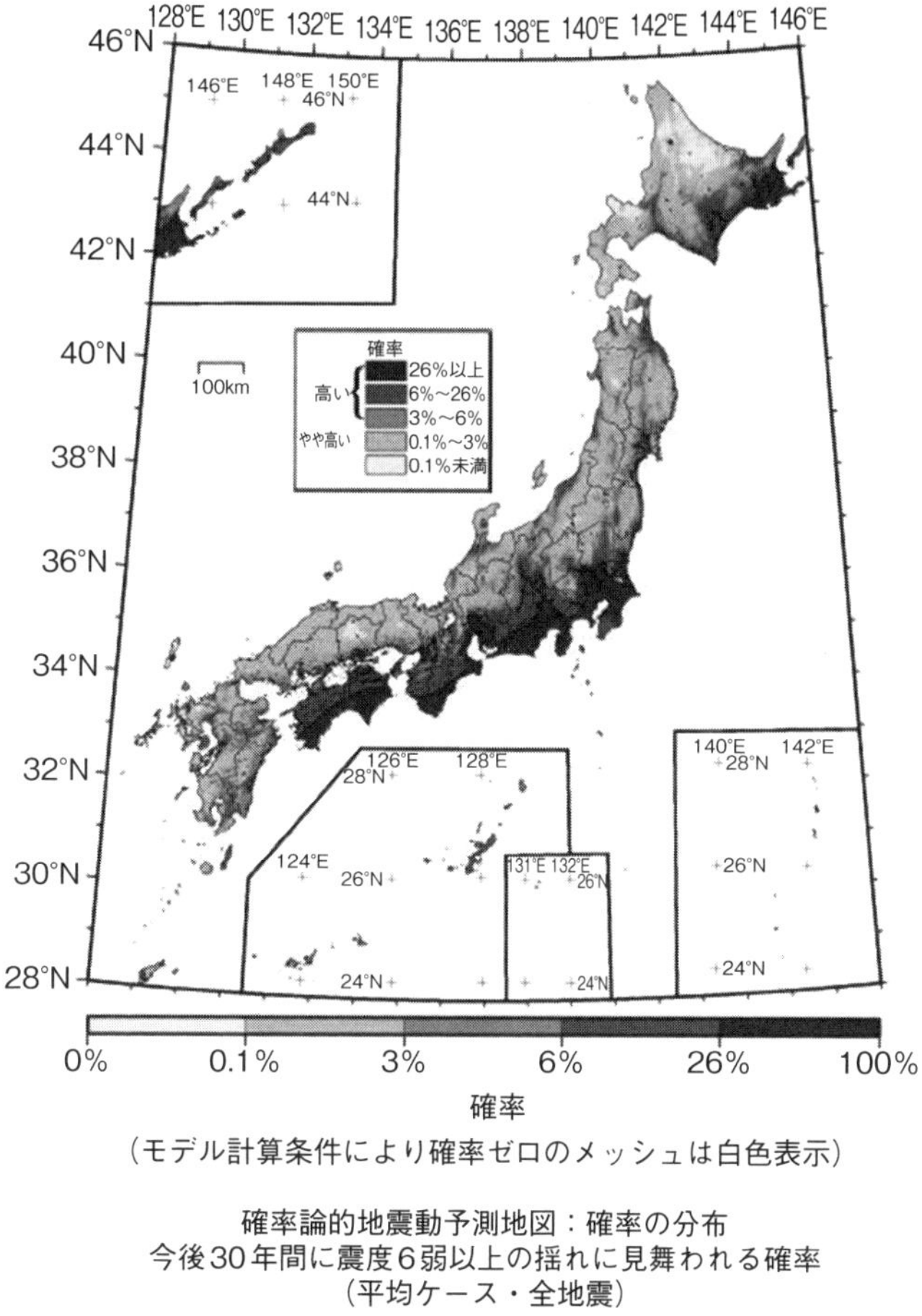

図 7-1　確率論的地震動予測地図（2018 年版）
（地震調査研究推進本部地震調査委員会 2018）

い揺れ）の評価を組み合わせた、「確率論的地震動予測地図」と、特定の地震に対して、ある想定されたシナリオに対する強震動評価に基づく「震源断層を特定した地震動予測地図」の二つからなっている[7]。

本章の分析対象となる確率論的地震動予測地図は、次のように作成されている。まず、日本とその周辺で起こり得るとされている全ての地震に対して、その発生場所、一定の期間内での発生可能性、規模を確率論的手法によって評価する。続いてそれらの地震が発生した場合に生じる地震動の強さを評価する。地震動は地表における地震の揺れであるため、地震の規模や地表の様子によってその値が変わってくる。この二つの評価を組み合わせることで、一定の期間内に、ある地点が、ある大きさ以上の揺れに見舞われる確率を計算し、その結果が確率論的地震動予測地図となる。

確率論的地震動予測地図には、様々な種類のものが存在するが、よく知られているのは、「今後三〇年以内に各地点が震度六弱以上の揺れに見舞われる確率」を地図化したものである[8]（図7-1）。

モデルへの批判

確率論的地震動予測地図は、二〇〇二年から試作が始められ、二〇〇五年以降はほぼ毎年公表されている。地図やその手法、地図作成の際に利用されるデータは、地震動の地域差を考慮に入れた地震防災対策の優先度の決定、立地検討、構造物の耐震設計や耐震性評価、地震保険料の算定等への活用が期待されている[9]（地震調査研究推進本部地震調査委員会 二〇〇五：二〇一七）。しかし、東日本大震災以降、確率論的地震動予測地図をめぐり、多くの論争が繰り広げられた。

論争の発端となったのは、東京大学のロバート・ゲラー（Robert Geller）が、東日本大震災直後の二〇一一

年四月二八日号の *Nature* に掲載したコメント、「日本の地震学、改革の時（Shake-up Time for Japanese Seismology）」である。このコメントの中でゲラーは、二〇一〇年版の確率論的地震動予測地図のうち、「今後三〇年以内に各地点が震度六弱以上の揺れに見舞われる確率」を示した地図に注目している。そして、そこに、一九七九年から二〇一一年までの主要な被害地震[10]（死者一〇名以上）の震央を重ね描いた図面を、「真偽確認（Reality Check）」として提示している。この真偽確認により、ゲラーは、全ての被害地震が、確率論的地震動予測地図では、震度六弱以上の揺れに見舞われる確率が低いとされている地域で発生していると指摘し、確率論的地震動予測地図で利用されたモデルは誤っていると批判した（Geller 2011）。

その後、ゲラーの共同研究者である、ノースウェスタン大学のセス・シュタイン（Seth Stein）が、「なぜ地震ハザードマップはしばしば外れるのか、それにどう対処すればよいのか（Why Earthquake Hazard Maps Often Fail and What to Do about It）」というタイトルでゲラーと同様の批判を行い（Stein et al. 2012）、確率論的地震動予測地図は、国際的な論争の渦中に置かれることとなる。

こうした確率論的地震動予測地図への批判に対しては、ゲラーが「真偽確認」の図の中で示したのは、被害地震の震央の場所であるという指摘がなされた。地下の岩盤の破壊現象（地震）が最初に起きた場所が震源であり、震源の直上の地表における地点が震央と呼ばれている[11]。ゲラーは確率論的地震動予測地図と、一九七九年以降に実際に発生した地震の震央の場所とを比較していた。しかし、確率論的地震動予測地図は、地震によって生じる地表の揺れを示した図であり、それと、震央の場所とを比較するのは、比較するデータの種類が異なっており適切ではないとして、ゲラーの主張への批判が提起された。これに対して、震央付近が最も強く揺れることは自明なことであり、実際に生じた地震の震央を、その地震によって最も揺れた場所と判断し、それと地震の揺れに関する地図である確率論的地震動予測地図を比較すること、すなわち、ゲラーが行った比較は特に問題にはならないという意見が出されている（近藤 二〇一七：近藤・纐纈 二〇一七）。

また、ゲラーが利用した二〇一〇年版の確率論的地震動予測地図は、二〇一〇年以前の地震の予測ではなく、「今後三〇年」、すなわち二〇一〇年以降に起こる地震動の確率を示すものであるため、二〇一〇年以前の被害地震と比較するのは不適切ではないかという指摘もあった。そのため地震本部は、最初の確率論的地震動予測地図である二〇〇五年版の地図と、二〇〇五年以降東日本大震災までに発生した、理科年表に記載の被害地震の震央位置を比較した（図7-2）。その結果、発生した地震は全て震度六以上にもかかわらず、二つの例外を除いて、二〇〇五年版の確率論的地震動予測地図では震度六弱以上の揺れに見舞われる確率が低いとされていた。つまり、二〇〇五年にさかのぼって確率論的地震動予測地図と実際に発生した地震を比較しても、ゲラーの指摘はある程度当たっていたとされた（近藤 二〇一七：近藤・纐纈 二〇一七）。さらに確率論的地震動予測地図をめぐっては、アメリカ地震学会のニューズレター等でも同様の論争が繰り広げられた（Hanks et al. 2012; Stein et al. 2011）。

モデルへの擁護

確率論的地震動予測地図への批判はゲラーによる指摘以前からも存在していたが、こうした批判に対しては、次のような反論がなされた。例えば、京都大学の宮澤理稔と、ジェームズ・ジロウ・モリ（James Jiro Mori）は、一四九八年から二〇〇七年までの約五〇〇年間の歴史地震の震度データに基づいて作成した最

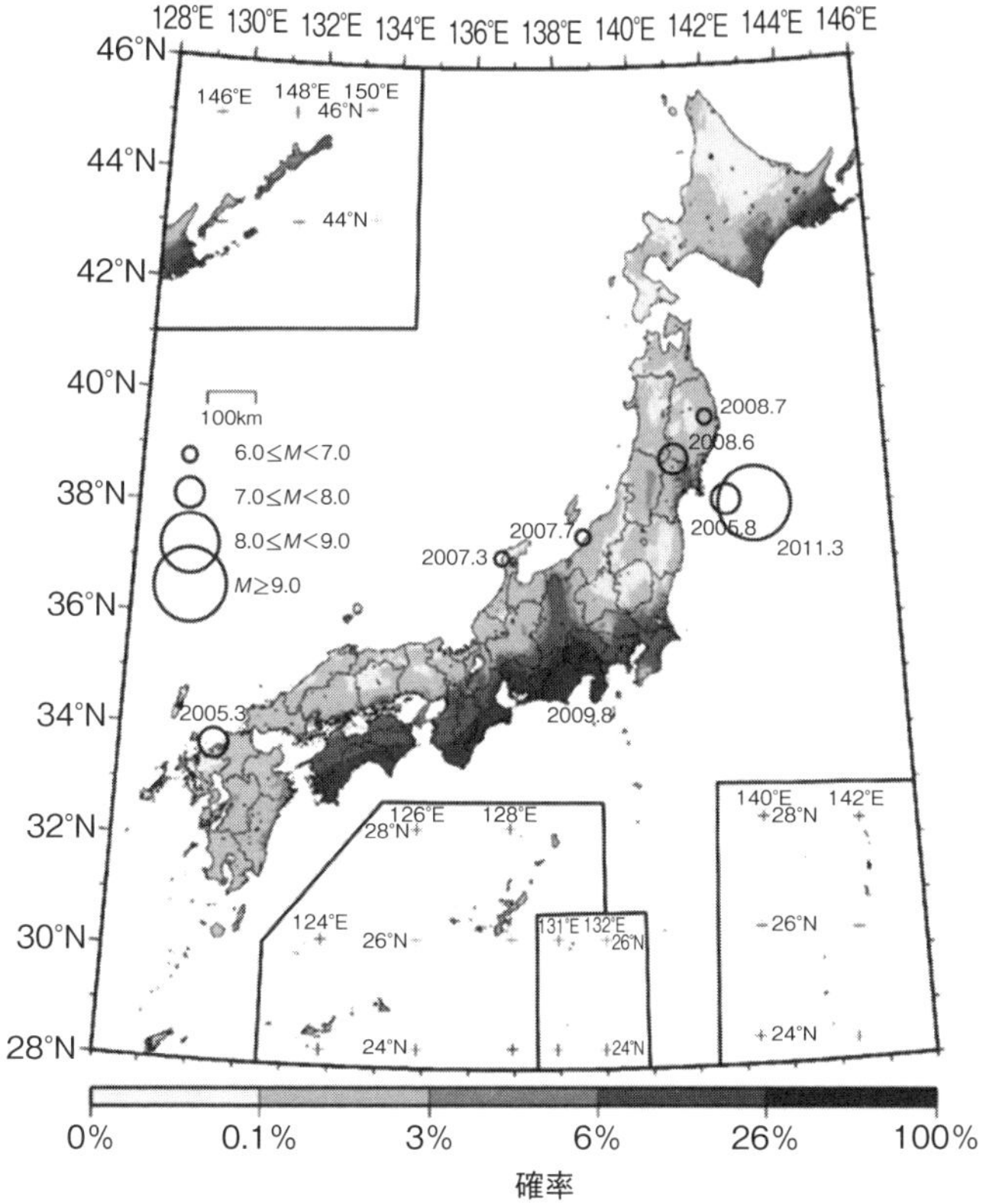

図 7-2　2005 年版の確率論的地震動予測地図と 2005 年以降の被害地震の比較（地震調査研究推進本部地震調査委員会 2012）

大震度の分布図と、二〇〇八年版確率論的地震動予測地図を比較した。そして、統計的には、現在の確率論的地震動予測地図は、過去の最大震度分布と概ね一致しているように見え、適切なものと言える、と主張している（Miyazawa and Mori 2009）。また、清水建設技術研究所の石川裕らは、一八九〇年、一九二〇年、一九五〇年、一九八〇年を起点とした確率論的地震動予測地図を作成した。そして、それぞれの直後三〇年間に発生した大地震について、シミュレーションにより各地の最大震度を推定した分布図を別に作成し、両者を比較した結果、確率論的地震動予測地図は概ねシミュレーション結果と調和的であると評価している（石川ほか 二〇一一）。また、名古屋大学の宮腰淳一らは、二〇一一年の東日本大震災を受けて改良された確率論的地震動予測地図を用いて、石川ら（二〇一一）と同様の比較を改めて行っている（宮腰ほか 二〇一六）。

さらに、近藤（二〇一七）、近藤・纐纈（二〇一七）は、明治時代以降の気象庁の震度データ、各市町村の住宅損壊率に基づく震度推定結果、地震発生後に実施された通信アンケート調査に基づいた震度推定結果等を利用し（cf. 石垣 二〇〇七；宇佐美 一九八五；武村 二〇〇三；原田ほか 二〇一五）、一八九〇年、一九二〇年、一九五〇年、一九八〇年、二〇一〇年を起点とし、三〇年区切り（二〇一〇年については七年）で各震度観測点における最大震度を求め、観測最大震度地図を作成した。続いて、対応する期間を起点として確率論的地震動予測地図を作成した（cf. 藤本・翠川 二〇〇五；翠川ほか 一九九九；宮腰ほか 二〇一六；若松・松岡 二〇一三）。そして一八九〇年、一九二〇年、一九五〇年、一九八〇年、二〇一〇年を起点として作成した確率論的地震動予測地図と、実際に観測された観測最大震度地図とを比較し、観測震度と予測震度の間に正の相関があるものの、三〇年程度の短い期間では、確率論的地震動予測地図は、高い予測精度を持たないと指摘した

（近藤 二〇一七：近藤・纐纈 二〇一七）。

3　予測の検証をめぐるダイナミズム

以上のように、確率論的地震動予測地図をめぐっては、賛否様々な評価がなされてきたが、それは、確率論的地震動予測地図を作成する際に利用されるモデルに関する評価と言える。本節では、確率論的地震動予測地図をめぐる論争に基づき、未来を予測する際に使用されるモデルとその評価について、データとの関連で論じる。

確率論的地震動予測地図とは、過去に起こった地震のデータから、地震の発生確率や地表での震度分布をモデル化し、それに基づいて未来に発生する地震について予測したものであり、まさに過去による未来のモデル化といえる。確率論的地震動予測地図に関する論争では、こうした過去のデータによって作成された未来のモデルの検証が行われたが、どのような検証データを利用するのかによって、モデルへの評価が変わっている。

データの同一性

例えば、確率論的地震動予測地図への批判の先陣を切ったゲラーは、過去に起こった地震の震央データを利用し、二〇一〇年以降の確率論的地震動予測地図を、二〇一一年以前の約三〇年間の被害地震データと比較している。一方で、確率論的地震動予測地図を肯定的に評価した宮澤とモリは、震度データを利用

表7-1　データとモデルへの評価

	Geller (2011)	Miyazawa and Mori (2009)	石川ほか(2011)・宮腰ほか(2016)	近藤・纐纈 (2017)
利用した検証データ	過去の地震の震央データ	過去の地震の震度データ	シミュレーションによる、過去の地震の震度データ	過去の地震の震度データ
検証データと地図の比較方法	2011年以前の震央データと、2010年以降の確率論的地震動予測地図	2007年以前の震度データと、2008年以降の確率論的地震動予測地図	1890年以降の震度データと、1890年以降の確率論的地震動予測地図	1890年以降の震度データと、1890年以降の確率論的地震動予測地図
確率論的地震動予測地図への評価	否定	肯定	肯定	30年程度では限界あり

しているものの、二〇〇七年以前の五〇〇年余りのデータと二〇〇八年版の予測地図を比較している。さらに、石川や宮腰らは、震度データを利用して、今後三〇年の予測について評価しているものの、利用された過去の震度データがシミュレーションに基づいたものであり、実際の観測震度ではなかった。これらに対し、近藤・纐纈は、実際の観測震度に基づいた震度データを利用して、三〇年ごとの予測について評価をしている（表7-1）。

ここから見えてくるのは、未来に関するモデルを評価する際の、検証データの問題である。モデルが正しいかどうかを評価する時点では、モデル作成時には未来であったことがすでに過去の事象となっている。そのため、モデルを評価する際には、検証データがいつのものかを考慮することが重要となる。確率論的地震動予測地図に関して言えば、二〇〇五年につくられた地図が正しいかどうかを評価するためには、二〇〇五年の地図と二〇〇五年以降に発生した地震データを比較する必要がある。二〇〇五年の地図を評価するために、二〇〇五年以前の地震データを利用することは適切とは言えない。また、いつのデータかだけではなく、データの種類への考慮も重要となる。確率論的地震動予測地図は、地震の揺れに対するものであるから、それを評価するために、検証データとして震央の位置を利用したり、実際の揺れではなく、シミュレーションによって得られた揺れをデータとして利用したりすることでは、適切な比較になるとは言えない。

確率論的地震動予測地図については、現在も地図が作成されており、肯定的な意見が存在する一方で、批判も根強く存在し、未だ論争の決着がついていない。モデルの正しさを評価するためには、地図が予測しているものと同等のものを利用した評価が必要であるが、確率論的地震動予測地図をめぐる論争では、それぞれの論者が利用する検証データが、必ずしも予測が対象としているものとは一致せず、適切な評価ができなかったと言える。それにより、互いの議論がかみ合わず、混乱が生じているように思われる。

データの稀少性

この問題は、地震という現象の特殊性とも関連している。第1節で述べた通り、地震は理論や実験によってそのデータを得ることがそもそも難しく、過去に起きた地震を詳しく調べる以外には基本的には研究の方法がない。しかし、大きな地震は稀な現象であるために、過去の地震データを得ることすらも難しい（纐纈 二〇一二）。このように得られるデータが不足している中でモデルを評価する必要があるために、多様な論者が多様なデータを利用し異なる検証を行ってきたと言える。

科学論争に関する従来の研究が明らかにしてきた通り、実験の同一性を確保することは困難であるが、地震に関する予測の検証についても、この同一性が問題となる。同様のデータに基づいて検証をしなくては、モデルに対する正しい評価は不可能である。しかし、地震に関する予測については、それが難しく、モデルに関する論争の終結が達成されないこととなる。

結　論――地震に関する予測の課題

本章では、確率論的地震動予測地図に注目し、地震に関する予測の検証について、そこで利用される検証データとの関係で分析してきた。確率論的地震動予測地図に関する論争では、検証するモデルに基づく予測結果と、検証に利用されるデータとが必ずしも合致しておらず、議論が混乱している。地震に関する予測とは、過去の稀少なデータに基づいて行われる、過去に基づく未来予測であるが、未来の予測と過去のデータとの関係性、その整合性の問題は、地震以外の多様な現象についても生じている課題であると思われる。一方で地震に関する予測は、予測のために得られるデータが非常に少ないという特性があり、その結果として予測をめぐる論争の解決が難しくなっているという課題が生じている。

（1）　予知と予測という用語の使われ方については、地震研究者内部や地震研究者と一般の人々との間で、用語が統一されていないという指摘も存在する。詳細は、神沼・平田監修（二〇〇三）、武藤ほか（二〇一三）を参照のこと。また、本章で使用した予知という言葉の代わりに短期予知や直前予知、本章で使用した予測という言葉の代わりに中・長期予知という用語が使用される場合もある（cf. 日本地震学会地震予知検討委員会編 二〇〇七；武藤ほか 二〇一三；泊 二〇一五）。

（2）　気象庁「地震予知について」http://www.jma.go.jp/jma/kishou/know/faq/faq24.html（二〇一八年七月一日閲

覧）

（3）気象庁「地震予知について」http://www.jma.go.jp/jma/kishou/know/faq/faq24.html（二〇一八年七月一日閲覧）

（4）気象庁「地震予知について」http://www.jma.go.jp/jma/kishou/know/faq/faq24.html（二〇一八年七月一日閲覧）

（5）気象庁「地震予知について」http://www.jma.go.jp/jma/kishou/know/faq/faq24.html（二〇一八年七月一日閲覧）

（6）地震調査研究推進本部「地震本部とは」https://www.jishin.go.jp/about/（二〇一八年七月一日閲覧）

（7）J-SHIS「全国地震動予測地図とは」http://www.j-shis.bosai.go.jp/shm（二〇一八年七月一日閲覧）

（8）J-SHIS「全国地震動予測地図とは」http://www.j-shis.bosai.go.jp/shm（二〇一八年七月一日閲覧）

（9）損害保険料率算出機構「地震保険基準料率」https://www.giroj.or.jp/ratemaking/earthquake/（二〇一八年七月一日閲覧）

（10）被害地震とは、被害の種類や程度に係わらず、何らかの被害を及ぼした地震を指す（地震調査研究推進本部「被害地震（用語集）」）。https://www.jishin.go.jp/resource/terms/tm_hazardous_earthquake/（二〇一八年七月一日閲覧）

（11）地震調査研究推進本部「震源・震源域（用語集）」https://www.jishin.go.jp/resource/terms/tm_hypocentral_region/（二〇一八年七月一日閲覧）

参考文献

石川裕・奥村俊彦・藤川智・宮腰淳一・藤原広行・森川信之・能島暢呂 二〇一一：「確率論的地震動予測地図の検証」『日本地震工学会論文集』一一巻四号、六八―八七頁。

石垣祐三 二〇〇七：「明治・大正時代の震度観測について——震度データベースの遡及」『験震時報』七〇巻一—四号、二九—四九頁。
宇佐美龍夫 一九八五：『日本の地震震度調査表Ⅲ』東京大学地震研究所。
オレル、D 二〇一〇：『明日をどこまで計算できるか？——「予測する科学」の歴史と可能性』大田直子ほか訳、早川書房。
神沼克伊・平田光司監修 二〇〇三：『地震予知と社会』古今書院。
纐纈一起 二〇一二：「メディアに翻弄された一年半」『Facta』七巻一〇号、四四—六頁。https://facta.co.jp/article/201210040.html（二〇一八年七月一日閲覧）
コックス、J・D 二〇一三：『嵐の正体にせまった科学者たち——気象予報が現代のかたちになるまで』堤之智訳、丸善出版。
近藤利明 二〇一七：「確率論的地震動予測地図の検証——明治以降の観測震度との比較」東京大学大学院工学系研究科建築学専攻提出修士論文。
近藤利明・纐纈一起 二〇一七：「確率論的地震動予測地図の検証——明治以降の観測震度との比較」日本地震学会二〇一七年度秋季大会。
地震調査研究推進本部地震調査委員会 二〇〇五：「「全国を概観した地震動予測地図」報告書」。https://www.jishin.go.jp/evaluation/seismic_hazard_map/shm_report/shm_report_2005/（二〇一八年七月一日閲覧）
地震調査研究推進本部地震調査委員会 二〇一二：「今後の地震動ハザード評価に関する検討——二〇一一・二〇一二年における検討結果」。https://www.jishin.go.jp/main/chousa/12_yosokuchizu/honpen.pdf（二〇一八年七月八日閲覧）
地震調査研究推進本部地震調査委員会 二〇一七：「全国地震動予測地図二〇一七年版 手引・解説編（平成二九年四月）」。https://www.jishin.go.jp/main/chousa/17_yosokuchizu/yosokuchizu2017_tk_3.pdf（二〇一八年七月一日閲覧）

地震調査研究推進本部地震調査委員会 二〇一八：「全国地震動予測地図二〇一八年版 地図編 確率論的地震動予測地図」。https://www.jishin.go.jp/main/chousa/18_yosokuchizu/yosokuchizu2018_chizu_2.pdf（二〇一八年七月八日閲覧）

武村雅之 二〇〇三：『関東大震災――大東京圏の揺れを知る』鹿島出版会。

泊次郎 二〇一五：『日本の地震予知研究一三〇年史――明治期から東日本大震災まで』東京大学出版会。

内閣府 二〇一八：「南海トラフ沿いの大規模地震の予測可能性について（報告）」（平成二九年八月二五日公表）。http://www.bousai.go.jp/jishin/nankai/tyosabukai_wg/pdf/h290825honbun.pdf（二〇一八年七月八日閲覧）

日本地震学会地震予知検討委員会編 二〇〇七：『地震予知の科学』東京大学出版会。

日本地震学会理事会 二〇一二：「日本地震学会の改革に向けて――行動計画二〇一二」。http://www.zisin.jp/publications/pdf/SSJplan2012.pdf（二〇一八年七月八日閲覧）

原田智也・室谷智子・佐竹健治・古村孝志 二〇一五：「地震直後に行われたアンケート調査による一九四四年東南海地震・一九四五年三河地震の震度分布」第三二回歴史地震研究会。

藤本一雄・翠川三郎 二〇〇五：「近年の強震記録に基づく地震動強さ指標による計測震度推定法」『地域安全学会論文集』七巻、二四一―六頁。

フレミング、J・R 二〇一二：『気象を操作したいと願った人間の歴史』鬼澤忍訳、紀伊國屋書店。

水野浩雄 一九九八：『天災予知は可能か――予測の科学と人々の暮らし』勁草書房。

翠川三郎・藤本一雄・村松郁栄 一九九九：「計測震度と旧気象庁震度および地震動強さの指標との関係」『地域安全学会論文集』一巻、五一―六頁。

宮腰淳一・森井雄史・奥村俊彦・藤原広行・森川信之 二〇一六：「東北地方太平洋沖地震を踏まえた確率論的地震動予測地図の検証」『日本地震工学会第一二回年次研究大会梗概集』四―一一頁。

武藤大介・舟崎淳・横田崇 二〇一三：「「予知」と「予測」及び類似の語に関する調査」『験震時報』七六巻、三―四号、一八九―二一七頁。

若松加寿江・松岡昌志　二〇一三：「全国統一基準による地形・地盤分類２５０ｍメッシュマップの構築とその利用」『日本地震工学会誌』一八号、三三—八頁。

Collins, H. M.1990: *Artificial Experts: Social Knowledge and Intelligent Machines*. MIT Press.

Collins, H. M.1992: *Changing Order: Replication and Induction in Scientific Practice*. University of Chicago Press.

Collins, H. M., and Kusch, M. 1998: *The Shape of Actions: What Humans and Machine Can Do*. MIT Press.

Geller, R. J. 2011: "Shake-up Time for Japanese Seismology,"*Nature*, 472, 407-9.

Hanks, T. C., Beroza, G. C., and Toda, S. 2012: "Have Recent Earthquakes Exposed Flaws in or Misunderstandings of Probabilistic Seismic Hazard Analysis?" *Seismological Research Letters*, 83 (5), 759-64.

Miyazawa, M., and Mori, J. 2009: "Test of Seismic Hazard Map from 500 Years of Recorded Intensity Data in Japan," *Bulletin of the Seismological Society of America*, 9 (6), 3140-9.

Stein, S., Geller, R. J., and Liu, M. 2011: "Bad Assumptions or Bad Luck: Why Earthquake Hazard Maps Need Objective Testing,"*Seismological Research Letters*, 82 (5), 623-6.

Stein, S., Geller, R. J., and Liu, M. 2012: "Why Earthquake Hazard Maps Often Fail and What to Do about It," *Tectonophysics*, 562-563, 1-25.

Ⅲ 未来をつくる——予測モデルと政策

第8章　政策のための予測を俯瞰する

奥和田久美

1　予測と目的

将来予測を行なおうとする活動は、自分自身の将来の人生設計のための個人的な思慮から、地球規模で人類の方向性を国際的に議論しようとするものまで様々である。個々人が純粋に将来を知りたいと思う欲求に従うものも、歴史的観点から将来変貌をとらえることで普遍的知識を得ようとする学究的探訪もある。将来予測に関する組織的な活動も、組織の大きさにかかわらず、世界中で頻繁に行なわれているが、ほとんどの場合、それらには何らかの目的が存在する。例えば、企業経営に将来動向の認識は欠かせない要素であり、予測手法の多くは、企業の経営判断のために開拓され発達してきたという経緯がある。ただし、各企業の将来見通しや経営判断は組織内部にとどめられ、外部には公開されない場合が多い。一方、組織を動かすためという意味で企業経営以上に将来予測を必要とするのが、国家や地域の主導者あるいは行政組織である。それらの将来予測は多くの人々の目にとまり、地域住民の同意を得る必要性があることから、公開されてこそ意味を持つ。そして、将来予測から導かれる具体的なアクションが実際に実行されることにより、地域の将来社会が形成されていくことになる。

組織を維持あるいは発展させようとする目的のもとで行なわれる将来予測の活動には、多かれ少なかれ必然的に、なんらかの意思や偏重が付随しうる。これらは客観性や中立性を弱める要因になりうると同時に、その主観性の存在ゆえに実践的意味は強まり、組織の戦略策定に大きく寄与することができ、具体的アクションも引き出しうる。本章のなかで詳細を述べるが、「予知」と「予測」を意識的に分けるならば、「予測する」という行為が完全に客観的かつ中立的であることは、残念ながら現実にはまずありえない。特によりよい将来社会を形成しようとするならば、意思の介在による選択が支配的になりうる。歴史的に言えば、現在の我々の社会は、個々に異なる将来への意思の力の集大成として形成されてきたと言っても過言ではない。

組織の経営判断や投資判断などの戦略性について、主に企業経営の面からやや短期的な視野で予測活動をとらえる文献が多いなか、本章ではあえて、より多くの人々に中長期にわたって影響を与えうるという意味で、政策に寄与しうる予測活動の特殊性に着目して分析的な記述を試みる。このような活動には、中長期的な視野における予測の本質と意義を見出しうるように思われる。

なお、本章では、将来予測を行なおうとする行為全般を「予測活動」と記し、予測活動の結果として見出された将来見通しをオプション提示やビジョン形成なども広く含めて「将来予測」と見なしている。

2　政策のための予測活動

政策のための予測活動の必要性

第一義的に、国家あるいは自治体制を有する地域の主導的立場にあるものは、主体的な将来ビジョンを提示し、その具体的施策を準備する必要がある。国家戦略・地域戦略の立案においては、現状への対処のみではなく、該当地域の将来に対してなんらかのビジョンと根拠の提示を求められ、そのために、何らかの予測活動とその成果としての将来予測が必要になる。いかに赤字財政の国家や自治体であろうと、仮に根拠や実現性は曖昧なままであっても、将来に対して採りうる政策の選択肢は幅広いものである。

将来ビジョンを提示する主導者は、地域の政府の体制によって首脳であったり立法府であったりと様々である。具体的な施策立案を行う行政組織も、少なくとも定期的に税金の使い道としての公的投資をどこにどれだけ振り向けるべきかを提案する必要があり、それらの判断に対する説明責任も負っている。行政組織は営利企業ほどの緻密な経営計画作成を必要としないことが多いものの、納税者への説明責任に関しては企業経営の場合以上に求められることがある。

もし、政治的指導者や政治組織が自ら将来ビジョンとその実現手段を提示できる能力を持ち、国民や地域住民がそれらを強く支持する場合には、行政組織は第三者に意見を求めるまでもなく、それらに従って具体的施策や行動計画を策定さえすればよい。政治家や政治団体の選挙公約は、現状の課題や争点に関してのみ立場を示す程度の場合も多いが、本来は何がしかの将来ビジョンが含まれているべきものである。しかし一方で、民主主義のもとでは、あまりに強いリーダーシップは独裁性と見なされ、好まれない傾向にある。住民の自立的な意思表示を尊重する地域ならば、むしろ国民投票や住民投票のような形での将来選択を志向する。いずれの場合にしろ、国家戦略や地域戦略の基本的方針が提示されると、それらは予算配分や規制の強化あるいは緩和という形で実現される。

一般的に、経済的自立性の高い行政組織ほど、その地域の実情に沿った、より具現性のある将来イメージが示される。一方、他への経済的依存性の高い地域や中央政府の補助金に頼る体質の強い地域では、独自の将来ビジョンや実効性を示す必要性は薄くなる。また、国家的な将来の目標設定が、当該地域にとっては妥当ではない場合もあり、その場合には、各行政単位でそれぞれの地域に見合った将来ビジョンを考える必要性が高まる。世界を見ると、中央政府の方針には最低限しか従わないような、自立性の非常に高い地域行政単位も多数存在する。

大国を束ねる場合にはもちろんであるが、小規模の自治体などで税金の使い道の選択肢が限られているような場合でも、さらには財政悪化により将来を考える余裕などないように見える場合であっても、地域の将来に希望を持ちうるなんらかのビジョンの提示がなければ、主導者は先導的立場を維持することができない。このような意味で、政策的寄与を目的とする予測活動は、その確からしさや実現性の有無を超越して必要とされることになる。

政策のための予知と予測

日本語は、他の言語に比べると予測に近い概念を表す語彙が非常に多いが、政策への寄与を考える場合には、特に「予知」と「予測」の違いをかなり強く認識しておく必要がある。

「予知」は、辞書によれば「その時点では発生していない事柄について、予め知ること」「物事が起こる前にそれを知ること」などと定義されており、超能力や啓示など現時点では科学的根拠が認められていないものの意味合いも含んでいる。なんらかの科学的な根拠を探り、確率的に発生を知ろうとする「予知」のなかで、政策に寄与しうる代表的な例が、地震予知や事故発生確率などの危険予知である。これらは発生そのものを回避することはできないが、政策的に対策をとっておくことで、人的被害の軽減や経済的損失の低減を図ることはできる。

「予測（foresight）」も辞書では「なんらかの根拠によって将来を推し量る」こととされているが、必ずしもすべてその通りになるわけではなく、しかも実現性を加速させたり、不都合の発生を回避したりすることができ、その結果、予測された将来が変わることが十分にありうる。複数のシナリオでオプションが提示されれば、将来には選択の余地も生まれる。英語の Foresight は日本語訳で「先見性」と訳されることもあるが、将来を考える能力という意味合いが強い。特に政策に寄与するための予測活動は明らかに戦略策定のための準備作業であり、予測された内容に対してアクションが採られることにより予測通りになることもあるが、一方で施策が不十分あるいは不適当なものであれば目論見が外れることになる。

政策的な意味合いで「予測された将来」というのは「何もしないで待っていればそうなる」といった運命的なものではない。「予測」には将来への意志や期待が多く含まれるという意味では、むしろ危険予知などよりも非科学的であるとすら言えるかもしれない。

3　予測活動を行う主体とスタイル

本章の冒頭に述べたように、多くの予測活動にはなんらかの明確な目的があるが、その目的とは主体の有り様によって決まるものである。政策的な意図を持って予測活動を行なっている主体、あるいはそれらを行うことを支持している主体には、地球規模の組織、広域の共同体、各国家、各自治体など、大小様々な組織の規模がある。

国連関係機関による地球規模の予測活動

地球規模での議論は、国連の関係機関が主体となって予測活動が行なわれており、世界の人口予測や気候変動などに関して現状認識の統一的見解と将来への目標が、共通認識として提示されている。言うまでもなく、国連の果たすべき役割は国家や地域を超えた地球規模での利害調整であり、その予測活動も各国利害を超えようと志向する。近年では、国際的な共通課題が総合的に「持続可能な開発目標（Sustainable Development Goals：SDGs）のための２０３０アジェンダ」として打ち出されている。これは二〇一五年九月の国連サミットで採択され、国連加盟一九三か国が二〇一六―二〇三〇年の一五年間で達成するために掲げた目標であり、一七の大きな目標と具体的な一六九のターゲットで構成されている。加盟各国は、自国の政策立案の根拠探しの第一歩として、このような地球規模の将来ビジョンを参考にしている。

また、国連関係機関では、発展途上地域の将来を担う人材育成という意味でも予測活動に注目してきた経緯がある。発展途上地域の将来を担う人材に将来志向と具体的な戦略策定能力を持ってもらい、自らの力で発展していく道筋をつけたいとの意図がある。

なお、国連関係機関では主に地球の気候変動や人類の社会を中心とした議論が行なわれており、経済的な意味での発展や技術的見通しについては、該当する関係者による世界的な経済フォーラムなどにおける議論のほうが参照される傾向にある。

隣接する広域連携における合議による予測活動

利害が交錯する広域連携においては、国家のような税金の配分や具体的施策のような意味合いは薄くとも、多様なステークホルダーの合議のもとでの政策決定プロセスを行なっていくこと自体に意義が存在する。合議による予測活動は多様なステークホルダーを一つの円卓に着かせる機能を果たすからである。現状認識は至近の利害を顕にする懸念があるが、広域の将来については話し合いの場が成立し、なんらかの合意や共通目標に達することができる期待があり、このような場合には、むしろ現実の対立の懸念を避けるためにこそ、あえて予測活動を共同で行う意味がある。ここには利害を調整し目標を共通なものにしていく標準化作業と同じような意味合いがあり、すなわち、実質的標準（デファクトスタンダード）が競い合うよりも、権威ある標準化機関による標準（デジュールスタンダード）の形成志向が存在する。

例えば欧州は、もともとは現在の国々よりも小さな国家の集合地域であった過去を有し、また独裁者の広域支配による負の側面が強調された歴史的経験も有し、現在はEU（欧州連合）という広域経済圏の実現を試行している。EU本部はひとつの広域行政組織のように機能することを目指しており、これは、まとまった大きさの経済圏を形成しなければ他の大きな経済圏に対抗する将来ビジョンを持ちえない、との危機感によるものである。また、予算の面から見ると、ＥＵとしての活動は加盟各国からの拠出金を再配分するという仕組みによるため、そもそも加盟各国が拠出金を出すために将来志向のインセンティブが必要であり、個々の小規模な施策が重複することによる無駄を省きたいという考えもある。同時に、加盟各国には、広域の発展ビジョンのなかで、それぞれの地域が個性を発揮していく将来ビジョンを持つ必要性も存在する。これらの必要性から、欧州は広域にも地域ごとにも、特に社会的な意味での予測活動が最も盛んな地域となっている。

合意形成を好む国民性のもとでの国家レベルの予測活動

世界のなかには、第三者による予測活動を好ましく思う国民性とそうでない国民性が存在するように見える。強いリーダーシップの発揮を好ましくは思わず、合議による合意形成を好む国民性のもとにおいて、特に政府の関与による予測活動が好まれる傾向を見出すことができる。ここでは、多様性の拡大を導くよりも、多くの参加者による合意形成に基づいて、一つの指導的結論に達していくというプロセスが重要視される。また一方で、できるだけ客観的な将来イメージを提示する姿勢が求められる。

合意形成を重んじる予測活動の傾向は例えば英国や日本で見られるが、その歴史的背景には、できる限り競争的環境を避け、適度な住み分けを行うことが必要であった山国や島国などの閉ざされた環境が影響してきたのかもしれない。英国の場合は、予測活動に限らないが徹底的な評価が志向される土壌があり、将来ビジョンの提示方法にもその片鱗が現れる。日本では、強いリーダーシップの存在を嫌う一方で、戦略立案を他者に依存したいという矛盾が見られ、関係者による合議のプロセスが特に好まれる風土がある。このような国家でも、歴史的経緯を長期に見ると、一時的にリーダーシップが高まったり弱まったりを繰り返してきており、予測活動の意味合いも時期によって変化が生じうる。

強いリーダーシップを志向する国家の予測活動

どのような国家あるいは大きな行政組織でも多かれ少なかれ将来予測を必要としているが、国家レベルでの予測活動がすべての国々で盛んに行なわれているかというと、必ずしもそうでもない。独自の考えに基づいてリーダーシップを発揮できる主導者が存在し、多くの支持が得られている状況ならば、彼らは合議による予測結果よりもむしろ特定の情報源による見解を採用する。米国・中国・ロシアのような大きな国家では、連邦政府というような単位においては、情報収集とそれらに基づく選択を行う以外には特別に独自の予測活動を行なおうとする姿勢が見られない。

主導者や行政組織による将来ビジョンの提示は、必ずしもオリジナリティを問われるものではない。したがって、既存の文献や有識者の見解のなかから導くことも可能であり、それらを基に各組織に見合う将来ビジョンを提示できるならば、情報収集以外の予測活動が必須というわけではない。経済団体や業界団体が進んで将来ビジョンを提示するような地域、優秀なコンサルタントやシンクタンクから優れたレポートが競うように発表されるような状況下では、主導者や行政組織が政策立案の要望に見合うものを選択していく、というスタイルが確立している。

自立意識の高い地域における予測活動

地域の将来を考えるには大国や広域連携のような大きな規模単位が必ずしも有利というわけではなく、実効性という面を考えるならば、むしろ小国や地方自治体のような規模でこそ独自の将来ビジョンを実現しうる。自治の独立性とも関連付けられるが、国民投票や住民投票のような全員参加型の将来選択も小規模単位でこそ実現できる。世界的に見ると、広大な面積あるいは人口の多い国は、たいていの場合、州や省といった単位あるいは都市の単位で将来ビジョンを有しており、そのための地域の予測活動もかなり活発である。

外部から中央集権的と見なされている大国の中にも、思いのほか地域活動が盛んな地域が存在している。実際、数億人以上の人口を有する国家は、中央政府が強い権限を持っていてもいなくとも、実質的には、ほとんど例外なく地方自治への分権が進んでおり、異なる地域性によって個性ある自治行政が行なわれ、地域間での発展競争が行なわれている。また、国際都市を見ると、都市およびその経済圏が一つの単位となって、そのような単位の間での国際競争が行なわれている。広域のなかで独自性を発揮して競い合う必要性が高い場合、外部からの投資や人材を呼び込むことが必須な場合、地域間連携やグローバルな展開なしには地域発展が考えられない場合などに、地域が独自の将来ビジョンを広く提示する必要性が高まる。将来ビジョンを示さなければ、若者を地域に引き止めておくこともできない。

先進的な将来ビジョンを実行していくにも、小さな国家や自治体は有利である。人口や面積の小さい国ほど、世界の先行モデルになろうとするアピール努力が歴史的にも数多く見られる。最近では、アジアのハブを目指して成功したシンガポール、環境や先進技術のモデル地域を志向するドバイ、電子政府の実験国家を目指すエストニアなどの試みが注目されている。このような動きに対抗するために、大きな国家では、一部の地域をモデル都市や特区に指定して先進的な技術やビジネスモデルの実験場として優遇することが意図的に行なわれている。

ただし、これらの各地域の予測活動が、実質的に地域内で行なわれているか、そこに地域住民の見解が十分に反映されているかなどの点については、ケースバイケースと言える。

4　予測すべき対象

将来社会のイメージ

政策的寄与のために行なわれる予測活動の対象は、いくつかに分けられる。もちろん、それらは互いに密接に関連しており、明確に区別されているわけではない。

地球規模や広域で将来を考える場合、まずは社会的な変化の予測が行なわれる傾向があり、経済や技術の変化は社会的変貌をもたらす要因と見なされている。将来社会のイメージといっても、日常生活や働き方あるいは倫理観や常識といった個々人の考え方の変化もあり、また、地域や国家の人口構成あるいは地球や人類の集合としての将来というような壮大な意味での変化もある。組織経営の権威として知られたピーター・F・ドラッカーは、晩年に「日本にとっての最大の課題は社会である」との認識を示していたが、最近では日本政府も将来社会をSociety5.0というようなコンセプトで表すようになった。

歴史的に見ると、類似の条件や環境下にあったとして、必ずしも同じような地域社会が形成されるというわけではない。社会の変化には、人口構成や地政学的要素のような構造的必然性だけでなく、民族性に基づく倫理観、知識や技能獲得のための教育環境、地域における政治的選択などが複雑に関係する。住民の先進性や多様性の許容度などは、地域の社会構造を特に大きく変える要素である。

今日のような情報化社会においてすら、各地域や各国家は、同時期の地球上に存在するとは思えないほどの多様な社会性と文化的特徴を維持しつつ共存を果たしている。先進国と新興国といった違いだけではなく、先進国と呼ばれる国々の間で比較しても社会構造や常識は大きく違っている。一つの国のなかでも都市部と農村部では発展状況は異なり、地域の規模感などによって発展や成熟のスピードが異なる。したがって、一言で将来社会と言っても、まずは予測活動の対象とする地域と時期とを明確にして議論を行う必要がある。

現状の個々の問題を細部に議論していっても実は将来社会のイメージの全体像を描くことは難しいのだが、実際の予測活動では、個々の要素が社会に与える影響を積み重ねることで、社会全体の変化をイメージしていくようなアプローチが採られることが多い。

経済的予測

経済的な予測を行うことはもっぱら企業や業界の関心事であると考えられがちだが、財政が逼迫する国々や地域が増えるなかで、むしろ地域社会の発展性において最も重要とも言える検討項目になっている。政策的には比較的短期間と言える一〇年程度の間に、地域の社会生活を左右するほどの経済的変化が起こる例は珍しくなく、数十年という期間ならば、国家間でのＧＤＰの逆転も十分に想定される。世界を見ると、新興国は先進国とは違う発展形態を進み始めており、これまでの先進国や発展地域が今後の経済的優位性を中長期に維持することは容易ではないだろう。今後、成熟国の衰退やスタンダードの交代、というシナリオも想定される。

中長期的に注目されるのは、気候変動や人口動態のようなゆっくりとしているが次第にボディブローのように効いてくる変動要因、自然災害や地政学的リスクなどの不安要因への対応、消費行動や倫理観の変化の把握などであり、短期的な単純な経済的合理性だけでは説明しえない要因も、将来の経済的状況を大きく左右しうる。特に、産業革命と呼ばれるような変革の時期には、ビジネスや技術の範疇と考えられていた価値の要素が地域の経済状況に大きく影響し、国家の盛衰にも影響を与える可能性がある。

残念ながら、短期の市場予測を除いて、経済の予測活動はほとんど発達していないと言わざるをえない。これは経済学や財政学の多くが過去のデータの実証にとどまっていて、シミュレーションが十分に行なわれてこなかったことに起因するのだろう。この点については他章でも詳しく述べられているが、中長期的な経済的予測はいっそう重要性を増しており、考慮すべき経済的パラメータも見直しが始まっている。資本主義経済の矛盾による行き詰まり、貨幣経済の変貌、技術的要因による雇用環境の変化など、かつての産業革命に匹敵するような大きな変革期も想定されており、経済予測はかなり大胆な振れ幅を検討する必要性に迫られている。

科学技術の予測

イノベーションを生む源泉としての科学技術にとりわけ注目し、大きな期待をかけてきた国々もある。

例えば、東アジアの国々では科学技術が国の発展を牽引するという意識が強かったため、科学技術の動向を注視し、それらの進展に過度に期待するような予測活動が盛んであった。反面、このような国々では、社会や経済に関して将来イメージを提示することを苦手としてきたように見える。

現在では、科学技術に関する将来動向が単独で議論されることはほとんどなく、たいていは社会や経済に影響を与えうる要素として検討されるようになっている。科学技術はイノベーションを加速する大きな要因ではあるが、それだけで社会に影響をもたらすようなイノベーションが起こるわけではないとの認識が一般的になってきている。また、生産性や効率性の追求に関する国際競争が激しくなるなかで、気候変動への対応やエネルギー資源の選択などを見ると、発展追求の方向性も画一的ではなく、発明や発見だけがイノベーションの源泉や促進要因とは言えない。

もはや、科学技術の専門家集団だけで科学技術の予測活動を行なえるような時代ではない。科学技術的成果のすべてが地球や人類のために正の影響を与えるものではなく、必然的に負の側面への懸念も予測の対象である。残念なことではあるが、近代科学技術の多くを軍事目的の研究開発が発展させたことは歴史上の事実であり、そもそも、現代の戦略的な予測活動で用いられる考え方や方法の多くが、軍事や防衛目的での研究開発から生まれてきたという経緯がある。多くの国々の科学技術関係予算においては軍事や防衛目的が高い割合を占めており、むしろ、各国はそれらに前向きな姿勢を強めているとも言える。

一方で、近年の科学技術の研究開発の成果を見ると、特に生命科学や情報科学は従来の想定をはるかに超えるスピード感で進展しており、人間の倫理観がそれらに追いつかないような時代を迎えている。また、研究開発においては、成果の社会実装のプロセスがリニアモデルではなくなり、初期段階から社会実験が頻繁に行なわれるようにアジャイル性が高まっており、各技術の普及と陳腐化も加速しているように見える。現代は、専門家さえもそれらのもたらす価値や脅威の潜在性を把握できないうちに、科学技術が進展していくようなスピード感のなかにあり、確かに新たな産業革命の時期が来ているといえるのかもしれない。この先、シンギュラリティ（特異点）と呼ばれるような大転換期を予測する人々もいる。

産業政策のための予測活動

社会構造変化や経済状況などは制御が難しく不可避な側面も強いが、これらに比べると地域の産業構造の変化は地域政策の意図が反映されやすい。世界では、国レベルあるいは地域レベルで、それぞれの政府が産業発展に大きく関わる例を数多く見ることができる。例えば、ドイツが振興するIndustrie4.0は、ドイツの強みを維持するための産官学共同の将来ビジョンとして注目されている。

産業政策のための予測活動は、かなり頻繁に行なわれている。地域の財源や外部投資とも密接に関係し、地域経済の発展あるいは維持のための具体的施策としては、転入者増加のための経済厚生施策、地域雇用発生のための企業誘致、観光など地場産業の振興、地域活性化のためのイベント提案なども盛り込まれる。

個々の企業や業界の視点が特定の分野に限られがちなのに対し、国家や地域レベルでの産業政策には、現状を俯瞰的に把握したうえで、現状維持にとどまらず、より好ましい方向へ地域を導くための予測活動が必要である。企業経営になぞらえるならば、このような予測活動には、専門特化型企業の経営というよりも、総合商社や投資家のようなメタレベルの経営感覚が求められるだろう。また、地域事情にそぐわない一般論のような予測結果は虚しいものになる。

5　政策的意図を持った将来予測の特徴

部分的であれ、なんらかの形で政策的な意図を持つ予測活動の機会に協力する際には、いくつか注目しておく点がある。また、個人や組織にとって、新たに自らの予測活動を行うことよりも、まずは公開されている予測活動の成果を参考にすることが多いはずであり、それらをどう読み取るべきか、それらから得られる情報は何か、を知っておくことは重要である。これらは、政策のための予測活動のリテラシーとも言えるかもしれない。

主体の規模感

企業の予測活動では売り上げや従業員数あるいはグローバルな展開の有無など企業規模がまず議論の前提になるのが当たり前だが、同様に政策のための予測を読み取るうえでも主体の規模感が大きなファクターである。なんらかの政策的寄与を目的としている場合には、予測活動の主体のサイズによって、方向性や方法が自ずと決まってくるものである。

例えば、国家単位の予測活動では、国土の広さや人口の大きさあるいはＧＤＰの規模など、その統治の及ぶ範囲のサイズが重要である。人口が数億人規模の大きな国家の将来構想と、数十万人から数百万人の小規模民族国家の将来構想は異なるのが必然的であり、構想の実効性も異なる。予測に限らず、通常は国単位や自治体単位での比較を行うことが慣習になっているが、実現性を考えるならば、将来構想を参考にしうるのは同程度の規模を持つ地域である。例えば、数百万人規模の北欧の国々の将来構想が好ましく思えたとしても、一億人以上の人口を有する日本の全地域で模倣することは難しいが、政令都市のような単位であれば十分に参考にすることができる。国際都市の将来ビジョンは、国際都市間での競争につながるものであるが、同じ国の他の地域とは共有されにくい。

時間的視野および現実との距離感

本来は、行政組織における予測活動の視野と時間軸は、民間企業の視野よりは中長期でなければならない。施策の具体化・法案化、施策効果の顕在化などには、かなりの時間がかかるからである。地域発展の施策や法整備などは急いだとしても効果が現れてくるまでに早くとも五年程度はかかり、そのための人材育成から始めるとすると一〇年単位の時間が必要とされる場合がある。国際的機関による目標設定や国家的なイノベーション戦略などを見ても、「２０ＸＸ」というように、数年から十数年後の時期を付与した呼び名が付けられることが多い。

しかし現実には、行政組織が必ずしも長期的な戦略を策定できるわけではない。財政が逼迫している場合、先送りにしていた問題が目前に見えてきた場合、現状までの施策が功を奏していない場合、国際的に見て出遅れが目立つ場合など、長期戦略の議論をしているつもりが、現状把握の甘さが認識され、現状課題の対処の緊急性が再認識されるにとどまるケースは多い。もっとも、現状認識は企業経営では必須事項であるが、国家など大きな組織の議論では曖昧にされることも多いため、予測活動はそれらの認識共有のよい機会になりうると言える。

政策的な寄与を追求する予測内容が、現実の課題に強く影響されるのはやむをえない。現実の状況を無視した漠然とした将来イメージでは、多くの共感は得られない。極端な例を挙げれば、内戦状態にある国家、大きな自然災害を受けた地域、財政破綻が迫る自治体などでは、長期予測など虚しいものに感じられるだろう。特に状況が逼迫している場合、現実を受け入れ、それらを前提としながら長期戦略を構想するのは容易なことではない。しかし、それでも、将来への議論が、国家や地域の意識を将来に対して前向きにしうる点は強調しておきたい。自然災害などで被害を受けた都市でも、被災前に地域の発展計画などの産業ビジョンや都市計画が存在していた場合は、単なる復旧以上に復興を果たすことが可能であると言われている。

予測活動を行う機関の独立性

どんな機関であっても予測活動を行うことは可能であり、どのような内容のものでも発表することができ、実現性などの意味では質が保証されるものではない。将来予測を参考にする際には、どのような機関が予測活動を行なったのかを意識しておいたほうがよいだろう。

国連機関など国際的機関、行政付属機関などは、継続的な予測活動を行なっている。幾つかの国では、中央政府の行政機関内に予測活動を行う部署を有しており、これらは実行性の伴なう見識と見なされる場合が多い。また、能力の認められた民間シンクタンクや大学・大学院、グローバル企業からも定期的に予測活動の結果が公表されており、それらのなかには、世界中の指導者層が毎年注目して見るものもある。

政策のための予測活動が、政策立案の現場に近い機関により行なわれたほうがいいのか、あるいは独立性の高い民間機関などにより行なわれたほうがいいのかという点については、議論が分かれる。

前者は、その時期の政策目的に沿った予測活動を行うことができ、大きな政策的寄与を期待できる可能性が高いが、言い換えれば現行の政策的意図の影響を受けやすいということになる。また、行政組織に近い機関は、現場意識の欠如から社会現象の変化や産業ニーズを捉えきれず、一般認識とは懸け離れた議論を行なっていることもある。産業界との交流があっても、特定産業との関連性に偏っていることもしばしばある。

一方、後者はより自由な立場にあるため、客観性の高い予測を行なえる可能性があり、大きな産業転換や破壊的技術の登場の予見への期待が高いが、反面、政策意図に沿っていないために政策立案に寄与できるような内容にはなっていない可能性がある。また、後者と言えども、活動のスポンサーシップによっては、既存産業や既存技術の存続を望む保守性にとらわれて、必ずしも客観性の高い予測活動が行なわれていない場合も少なからず見られる。

いずれにしても、既存の有識者の認識に頼ることによって、予測活動が保守的になりがちな傾向があることは避けられず、大きな構造転換や破壊的技術の登場を予測することが容易ではないことは認識しておくべきである。

議論の焦点

企業や業界にとって、将来予測を参考にしたい理由は比較的明確であり、予測活動における議論の焦点も絞りやすい。しかし、政策のための予測活動では、アウトプットとしてどのあたりを志向すべきか、前提をどこにおくか、それらの見解がいつ必要になるのかなど、ほとんど要求仕様が分かっていない。皮肉な話だが、簡単に言えば、何をいつまでに予測すればいいのかが事前には分かっていないのである。社会的な変化を求めたいのか、経済的な予測が必要なのか、あるいは産業や科学技術などの要因に関する見解を得たいのかをまず決めなくてはならない。

そこで、政策のための予測活動を行う前に、何が次の政策論議の焦点になるかをまず予測することから始めなければならない。逆に言えば、今後の政策的展開を予測して、そこで意味ある予測活動を行うことは、政策的寄与を高める要因になる。これが外れてしまうと、内容や方法においては優れていても、政策的な意味は薄い活動になってしまう。このあたりは、企業戦略の策定のための予測活動や興味本位で個人的見解を述べることもできる個々人の予測とは本質的に異なる点であろう。

予測活動が行なわれるタイミング

通常はあまり重要視されていないのだが、政策立案のための予測活動が有効なものになりうるかどうかという観点から見ると、実は最も重要なファクターは、いつ予測活動を行ない、いつ結果を公開するか、といったタイミングではないかと考えられる。

定常的に予測活動が継続されている場合を除いて、このような予測活動はいつ行なっても有効というわけではない。どの国でも、基本戦略などの策定、予算案の作成、立法での法案審議など、政策立案や施策提案の検討時期はおおよそ定まっている。したがって、このような戦略策定への寄与を目的とする予測活動はそれらに先行し、結果の提示が検討に間に合っていなければならない。しかし一方で、後述するように、将来予測は時間が経つほど内容が陳腐化してしまうという本質的問題もある。

タイミングは政策のための予測活動としては非常に大きなファクターであり、それが方法の選択をも左右することがある。公表のタイミングを重視するために、既存の情報収集のみから結論を導くような場合も多い。政策議論に間に合わせるということのほうが、方法の選択よりも優先されると考えてもよいかもしれない。

方法選択の妥当性

予測のための個々の方法については企業戦略論などにおいて著作も多く、本書の他章にも記されているように多種多様な方法が提案されている。当然ながら、万能の予測手法とか理想の予測手法などというものが存在するわけではなく、目的に応じて適当な方法は変わりうる。また、時代に見合った方法の選択も望まれ、常に新たな方法の開拓が行なわれている。一つひとつの方法にはメリットもデメリットもあり、得られる見解には限りがあることから、複数の方法から得られた結果を総合して結論を導こうとすることも一般的である。これらの点では政策のための予測の方法の選択も根本的には違いがないが、俯瞰性が重視され、よりメタレベルの結論が志向され、参加者も多様であることから、より好まれる方法というのはありうる。

特に政策立案への寄与を想定する場合、根拠として採用されるうえでは、ステークホルダーが納得しうる予測方法を採ったかどうか、そのプロセスが問われる。情報収集における情報量の多さや新鮮さ、意識調査や合議における参加者や母集団の大きさや妥当性などは、予測結果の説得性を高める要素となる。特に合議制を好む民族性のもとでは、プロセスとして情報収集と集合知を生かすことが好まれ、「広く世界の最新情報を得た」「多くの意見や見解を聞いた」という姿勢を示すことが重要である。ただし、得られた情報と地域住民の志向は必ずしも一致していないため、重要視される事項には必ず地域差が生じ、導かれる結論は同一にはならない。例えば、経済予測にはその地域の産業構造の影響が色濃く表れ、地域の個性や差別化を誘導できる可能性がある一方で、それらはサンクコストやイノベーションのジレンマを誘発する要因にもなりうる。

世界中で将来への積極的な姿勢がより重要視されるなか、政策のための予測活動においても、バックキャスティング志向が強まってきている。これは、まず目指すべき将来イメージを共有し、それに至る道筋を示す方法論である。これらをフォローするためには、時間軸や段階を明確にするロードマップのような手法が用いられる。また、単一の将来ビジョン提示ではなく、複数の到達点や道筋のシナリオを提示し、ありうる将来の複数オプションから選択していく、という考え方が採り入れられる場合も多くなってきている。これは選択によって将来は変わりうるという、将来へのより積極的な姿勢の表れであり、一方で、選択次第で状況は悪化するという危機感の表れでもある。ここには優先順位付けやステージゲートなどの投資判断手法も用いられ、誰にとっても等しく好ましい最小公倍数的な将来は約束されえない。

さらに社会の情報化が進展し、科学も技術も大きく変革しつつあるなか、予測手法にも変化が求められており、今後の予測活動の方法論にはビッグデータのトレンド解析や人工知能の導入など革新的進展が見られるはずである。

予測の公開性

国連関連機関をはじめ、多くの国家や地域で予測活動の成果は、基本的に公開されている。それらに匹敵するレベルでの国際的なフォーラムも公開実施されている。また、これらの議論に資する目的で、シンクタンクや研究機関からの報告書も数多く公開されている。

政策への寄与を目的とする予測は、納税者への説明責任という意味だけでなく、地域内外において幅広いステークホルダーの賛同を得る目的から、防衛機密などの特殊事情のある場合を除いて、プロセスも結果も公開されるのが一般的である。この公開性と俯瞰性がゆえに、政策への寄与を目的とする予測の報告書やレポートは、地域外の種々の場面で企業や業界団体にも参照されることになる。

かつては、個々の企業などの予測活動や企業戦略は企業秘密と考えられた時期もあったが、オープンイノベーション時代を迎え、企業や業界にも、早いうちから積極的に将来ビジョンや具体的計画を公開する姿勢が見られる。現代では、これらの公開が企業の発展性をアピールし、投資を促し、企業間のコラボレーションの機会を与え、グローバル化への道筋となっている。グローバル企業は競って先見性をアピールしているが、同様な意味で近年では政策への寄与を目的とする予測も、単独地域では成しえない発展性、例えば地域への投資を呼び込みや人材流入促進などの目的で、各地域の予測活動の結論、それらに沿って行う具体的施策などが積極的にアピールされる傾向にある。

読み手は、これらから世界の議論の傾向や方向性を知ることができ、このような公開情報を収集するだけでも、自らの組織の立ち位置の把握や組織の方向性を判断することが可能である。民間の将来見通しを政府が参考にすることや、反対に政府の判断を民間企業が参考にすることは、日常的に行なわれている。

政策立案には様々な予測の内容を総合して生かすことができ、能力のある政治家や行政組織ならば、単一の予測活動ではなく、複数の予測活動の結果を総合して判断するだろう。それぞれの将来予測の内容が妥当であるかの検証は一般的になされていないが、それらに見解の違いがあったとしても、利用側の受け取り方や選択次第である。これは過去や現状の認識のための調査や検討作業とは異なる点である。

予測内容の見直し

基本的に、予測された方向性が妥当であれば予測された内容は実現していく。一方で、その後のアクション次第では、予測された以上に進展したり、想定外の要因により実現が遅れたりする。予測活動が行なわれた時期には重要視されていても、その後の環境変化によって無意味になる事項もある。リスクに関しては、回避される可能性もあるだろう。つまり本質的に、ある時期に予測された内容は、時とともに陳腐化していく。少なくとも中心的視野はシフトしていく。そこで通常は、より新しい予測内容の方が参考になる場合が多い。

必然的に、時間の経過とともに予測内容の見直しが必要になる。戦略策定や具体的計画には定期的見直しが必須であるのと同様に、その準備作業である予測活動にも再検討が必須である。通常、大きな政策策定の作業は、数年に一度あるいは政権交代などの機会に行なわれる。また、予算案の作成という面では毎年度見直し作業が行なわれる。その際に参考にされるのは、広く国内外から情報収集された最新の予測活動であることが多い。なお、近年は、ドイツの Industrie4.0 や日本の Society5.0 など、政府戦略にバージョン表記を付与することが流行しているようである。これらは前バージョンが存在したわけではなく、内容が見直されたものでもなく、単にフェーズが変わることを示しているにすぎない。

本質的に、実現されていくがゆえに予測内容が陳腐化することが避けられず、また、予測通りにはならないがゆえに見直しも必要であることは、予測活動の価値を下げるわけではない。なぜなら、そのような政策のための予測活動の存在によって、将来社会がよりよい望ましい方向で形成されていくからである。

予測内容の事後評価

以前の将来予測が妥当であったのか、つまり、予測の実現性に関して、アカデミックにはほとんど議論されることがない。この点で、予測とは、言わば「言ったもの勝ち」といった感がある。ただし、例外的に、日本の継続的な科学技術予測調査においては、想定期間を経た後の実現性の確率、実現傾向、未実現の要因などが統計的に議論されている。また、過去の予測の実現した例、しなかった例も辿ることができる。それらを見れば、専門家の期待でさえも、実現率で見るとせいぜい六―七割程度の実現率であり、将来の方向性に関しては議論しうるものの、実現時期を正確に予測することはさらに難しいことが判明している。これは、世界的に見てもきわめて稀な予測の事後評価例である。

また、見方の異なるいくつかの方向性が存在する場合に、結果的に古い予測内容のほうが妥当であったということも、もちろんありうる。企業経営においては短期的な成果がまずは重視されるべきであろうが、視野が中長期にわたる政策的な意図を有する予測内容に対しては、短期的な事後評価は避けなければならない。もっとも、まともな経営者や主導者であれば、このような将来予測の限界を認識し、おそらく単一の予測活動のみから結論を導こうとすることはほとんどないだろう。

結論――変化への感度と対応力

政策のための将来予測は、平たく言えば、各組織の生存作戦である。あるいは、人類として地球規模で考えるならば、生物としての生き残り作戦でもある。つまり、政策のために行なわれる予測活動は、各地域における生き残りのための能動的な準備作業であると言える。

政策的寄与を目的とする予測活動から生み出される知見には、中立性や客観性の点で多少の疑問の余地があったとしても、それらが将来の地域社会を形成していく原動力になっていくという意味合いは無視できない。ただし、それらの結果として見えてくるのは、むしろ各国家や各地域が何を選択するかということ、すなわち国民や住民の意思の力の違いである。事実、すでに情報化社会を迎えつつあるにもかかわらず、地域格差は存在し続け、地域的な選択による違いはむしろ際立ってきている。このようななかで、将来の政策的予測活動とは、一部の地域のエゴイズムが地球規模で取り返しのつかない過ちを犯す可能性を回避するためにこそ生かされるべきなのかもしれない。

環境や状況の変化は常に不可避であり、結局、問われるのは変化への感度と対応力である。このことは、政策のための将来予測も、企業のための将来予測も、個々人の将来予測においても変わりはない。予測活動とは変化への感度を高める行為であり、それらから導かれる結論に対して、なんらかの対応や行動を引き出してこそ意味が生まれる。将来社会は、一人ひとりの行動の集積結果であって、アクションがともなわなければ望ましい将来は形成しえない。

将来志向の醸成には、予測活動の経験が役立つ。急に将来構想を、などと言われても困る人は多く、ほとんどの人にとって、将来を構想する能力を身につけるにはなんらかのトレーニングが必要である。実際のところ、将来を検討するよい機会であった、ということ以上の成果がない予測活動も散見される。しかし、たとえそうであっても活動の意義が失われるわけではない。それらは活動自体がイノベーティブな行為であり、参加者の変化への意識向上の意味で、人材育成効果の高い研修機会となっている。事実、国際機関では人材育成を主目的とする予測トレーニングも行なわれている。イノベーティブな人材が豊富であれば組織としての環境変化への感度も高まり、個々人の将来志向の醸成は集団として変化を受け入れる許容度を上げ、結果的に地域のレジリエンスを向上させるのである。

参考文献

アベラ、A 二〇〇八：『ランド　世界を支配した研究所』牧野洋訳、文藝春秋。

科学技術政策研究所科学技術動向研究センター 二〇〇七：「二〇二五年に目指すべき社会の姿――「科学技術の俯瞰的予測調査」に基づく検討」『NISTEP REPORT』一〇一号。

カヘイ、A 二〇一二：『社会変革のシナリオ・プランニング――対立を乗り越え、ともに難題を解決する』小田理一郎監訳、英治出版。

クリステンセン、C・M 一九九七：『イノベーションのジレンマ――技術革新が巨大企業を滅ぼすとき』玉田俊平太監修、翔泳社。

ジェイコブス、J 二〇一二：『発展する地域　衰退する地域――地域が自立するための経済学』中村達也訳、筑摩書房。

スロウィッキ、J 二〇〇四：『「みんなの意見」は案外正しい』小高尚子訳、角川書店。

ドラッカー、P・F 二〇〇二：『ネクスト・ソサエティ——歴史が見たことのない未来がはじまる』上田惇生訳、ダイヤモンド社。

浜田和幸 二〇〇五：『未来ビジネスを読む——10年後を知るための知的技術』光文社。

米国国家情報会議編集 二〇一三：『２０３０年世界はこう変わる——アメリカ情報機関が分析した「17年後の未来」』谷町真珠訳、講談社。

ペイジ、S・E 二〇〇七：『「多様な意見」はなぜ正しいのか——衆愚が集合知に変わるとき』水谷淳訳、日経ＢＰ社。

横尾淑子 二〇一〇：「過去の予測調査に挙げられた科学技術は実現したのか」『科学技術動向』一一二号、二二—三二頁。

横尾淑子・奥和田久美 二〇一二：「過去のデルファイ調査に見る研究開発のこれまでの方向性」科学技術政策研究所『DISCUSSION PAPER』八六号。

Intergovernmental Panel on Climate Change 2013-2014: *Climate Change 2013, Climate Change 2014*. The Fifth Assessment Report (AR5).

第9章　規制科学を支える予測モデル
——放射線被ばくと化学物質のリスク予測

村上道夫

1　リスクの予測

本章で扱う予測は、「リスク」という負の未来の予測、とりわけ、放射線被ばくや化学物質による人々の健康への悪影響の予測である[1]。ここでいうリスクの予測とは、人々の疾病の確率を精緻に推定する方法論と思われがちだが、実際のところは、リスク管理や規制をどのようにするべきか、という社会的な要請に基づいた方法論である。すなわち、予測されたリスクをもとに演繹的に規制のあり方が定められるというよりは、管理や規制のためにリスクが予測される。さらに、規制措置には文化や習慣や個人の権利など、リスクの大小だけでは決まらない要素が多分に含まれる。また、その規制措置の決め方についても、意思決定にまつわる社会的要素が関与する。

2　自由主義とパターナリズム

図9-1の写真は高知県を流れる四万十川にある沈下橋を示している。沈下橋は、雨天時に河川が増水すると、川に沈んでしまう橋で、その土地の人々の暮らしに根付いてきた歴史がある。今でも車が行き来し、この橋からきれいな川へと飛び込む人もいる。写真は、筆者が二〇一五年に四万十川を訪れた際に撮影したものだが、その数か月後に、いくつかある橋のうちの一つから四万十川に飛び込んだ大学生がおぼれて亡くなるという痛ましい事故があった。

図 9-1　四万十川沈下橋の様子（筆者撮影）

安全に関する規制のあり方を論じる上で、生活に身近な例として、川に飛び込むという行為を規制するべきか、という問いから考えよう。川への飛び込みは生死にかかわる可能性があり、実際に事故があるのであれば、禁止するべきだ、というのが一つの代表的な意見である。その一方で、川への飛び込みは行為者にとっては楽しみでもあり、自己責任で考えるべきだ、という意見もあろう。どちらの意見も一理あり、どちらが正しいといった単純なものではないことに気づく。

こういった考えを整理する上で知っておくと有用な概念に「自由主義」と「パターナリズム」がある（伊勢田ほか 二〇一三）。自由主義は一八五九年にジョン・スチュアート・ミルが「自由論」の中で言及したもので、「成人であれば、他者に危害を与えない限りは、どのような思想を持とうとも、どこに行こうとも、どのような職業に就こうとも、どのような行為をしようとも自由である」という考え方である。川へ飛び込むという行為は、自由主義の立場にたてば、たとえ危険であったとしても、成人であれば自由である、ということになる。

パターナリズム（父親的温情主義）は、「当人の利益のために、当人の意志にかかわらず、当人の行動に干渉してよい」という考えである。パターナリズムには、ソフトパターナリズムとハードパターナリズムの二種類があり、ソフトパターナリズムは「当人に判断力がないか、自発的な行為を行っていない場合にのみ介入が正当化される」という考え方である。一方で、ハードパターナリズムは「当人に判断力があり、自発的に行為しているときでも介入が正当化される場合がある」とする。例えば川への飛び込みの危険性に気づかない子供に対して飛び込みを禁じる、という考えはソフトパターナリズムの観点から支えられるだろうし、たとえ、川への飛び込みの危険性を知っていて、楽しみも感じているという成人であっても、社会や国家は飛び込みを禁じてよい、とする考えはハードパターナリズムに該当する。

仮に、こういった飛び込みで死亡する可能性の大きさ――飛び込みによる死亡のリスク――が予測できるとしたらどうだろうか。たとえば、飛び込みによって死亡する可能性がせいぜい一億回中一回程度であるのに対し、本人は飛び込みに対してとても大きな喜びを感じている場合を想定しよう。この場合は、その行為を規制する必要はないとする自由主義の立場にたった意見に分がありそうである。これに対し、一〇回に一回程度の確率で、飛び込みによって死亡すると予測される場合はどうだろうか。この場合は、仮に本人がこの行為に喜びを持つとしても、パターナリズムの観点から規制を支持する意見に分がありそうである。死亡する可能性が小さければ自由主義にたち、大きければパターナリズムの観点から規制することになる。すなわち、規制のあり方は、死亡する可能性の大きさ——リスクの大きさ——によって異なることになる。リスクの大きさは、私たちの社会における安全に関する様々な規制のあり方を考える上で、重要な要素である。

　では、リスクの大きさだけで安全に関する規制のあり方が決まるかというとそうでもない。私たちの生活になじみ深い、ある食品の例を見てみよう。以下は、ノンフィクション作家のマイケル・ラルゴが米国人の様々な死因を百科事典的に図説した書籍（その名も『図説　死因百科』という）の記述からの抜粋である（ラルゴ 二〇一二）。日系アメリカ人の死因に関する記述で、米国人から見た日本的食文化に関する記述といえよう。下記では該当する食品をあえて●●という表記で隠しているので、本書を手にした皆様には何について書かれているか推理していただきたい。

> 日系アメリカ人は、新年に〝●●〟を焼き、のりで巻いて食べる習慣がある。〝●●〟というのは、米を蒸して丸い形にした柔らかく粘り気のあるもので、日本の正月のごちそうである。二〇〇三年、アメリカでは新年の休暇中にこの〝●●〟をのどに詰まらせて五六人の高齢者が死亡し、一二五人が入院、一二人が昏睡状態に陥った。毎年、正月を祝う大勢の人が〝●●〟をのどに詰まらせるが、死亡するのはたいてい高齢者である。一九六五年以降に〝●●〟を食べて窒息死した人　一六〇一人

　ご推察いただけただろうか。これは、「もち」による窒息事故死に関する記述である。文面の行間の端々から、著者のラルゴが、もちを食べるという日本的食文化を奇妙に受け止めている様子がうかがえる。し

かし、著者のラルゴはこの記述の後で次の文章を記している。

毎年二八〇〇人以上が窒息死している。そのうち約三〇〇人はチューインガムが原因で、その多くは三歳以下の子どもである。

すなわち、米国的食文化の代表選手であるチューインガムも同様に窒息事故死が多く、しかもその被害者は子供である、と述べているのである。しかし、だからといって、もちやチューインガムを規制しよう、という動きにはなかなかならない。私たちの食生活は、しばしば歴史的に文化的習慣が大きくかかわっており、パターナリズム的な規制がなじまない場合がある。こういった安全に関する規制のあり方は、リスクの大きさも重要な要素であるが、それだけではなく、歴史や文化、習慣、（広い意味での）便益など、様々な要素が関与していると整理できる。

3　リスクと安全

これまで、リスクや安全という用語を特に定義せずに使ってきたが、本節で改めて学術的な定義を示す。また、リスクという概念の誕生から歴史的に社会の中でどのように用いられてきたかについて紹介する。

リスク（Risk）に関する学術的定義には、ガイド51とガイド73という大きく二つの流派がある。ガイド51は、国際標準化機構（ＩＳＯ）と国際電気標準会議（ＩＥＣ）によって定められ、リスクを「危害の発生確率及びその危害の程度の組合せ（Combination of the probability of occurrence of harm and the severity of that harm）」とする（ISO/IEC 2014; 日本規格協会 二〇一五）。これは、放射線防護分野や環境分野などで広く用いられている。もう一つの定義は、ＩＳＯガイド73の「目的に不確実性が及ぼす影響（Effect of uncertainty on objectives）」であり、こちらは良いものも悪いものも含むとする（ISO 2009）。こちらの定義は、もともと経済や金融などの分野で用いられてきた。放射線防護分野や環境分野がもっぱら悪い影響の可能性をリスクと見なすのに対し、経済学や金融の分野では、リターンがあることも含めてリスクと見なすのである。リスクという言葉の語源には諸説あるが、イタリア語の risicare あるいはラテン語の risicāre にあるとされる。岩礁の間を航行することを意味し、転じて、勇気を持って挑戦することを表す（バーンスタイン 一九九八；辛島 二〇〇〇）。そういう意味では、経済や金融の分野などで用いられるＩＳＯガイド73の定義の方が語源に近いが、本章では、特に断らない限り、リスクは放射線防護分野や環境分野でなじみのあるＩＳＯ／ＩＥＣガイド51の定義を採用している。

実はリスクを予測するという行為は、人類の長い歴史の中で、この三五〇年ほどにすぎない。この概念が誕生したのは、一六六二年のアントワーヌ・アルノーとピエール・ニコルの『ポール・ロワイヤル論理学』にある（ハッキング 二〇一三）。この書籍は、ピエール・ド・フェルマーとともに手紙のやりとりを経て確率という概念を確立したブレーズ・パスカルの影響を強く受けて執筆されたといわれている。その中には、次のような記述がある。

雷鳴を聞くと過度に怯える人はたくさんいる。（……）その人々を異常な恐怖で満たしているのが死の危険だけであるなら、それが不合理なことを示すのは容易である。二〇〇万人に一人が落雷で死亡するというのは大げさであろう。（……）危害への恐怖は危害の重さだけでなく、その出来事の起こりやすさにも比例するべきである。

この記述は、まさにISO／IECガイド51の定義と一致するところである。同年には、リスク予測において重要なもう一つの書籍であるジョン・グラントの『死亡表に関する自然的及政治的諸観察』が刊行されている。グラントは英国の様々な死因と死者数を調べ上げて本書をまとめており、もともとは商人であったが、後年、英国で最も権威のある科学者団体である王立協会（Royal Society）の一員となった人物である。この書籍には、次のような記述がある。

多くの人々が、下記のさらに手強く悪名高い病気のいくつかに強い恐怖と不安を抱いて生活している。それに対し私は、それぞれの病気で何人死亡したかを書きとどめるだけをしよう。すなわち、各人数を全体の二二万九二五〇人（二〇年間の死亡者数）と比べることによって、そのような人々は自分たちがさらされているハザードをかえってよく理解することができるのである。

この記述の後、グラントは、様々な死因とその死亡者数を列挙している。さらに、グラントは、年間死亡率から平均余命の推定も行っている。グラントによるこの書籍は、どの地域の死亡率が低いとか、どの地域に若者が多いかといった情報を提供することになり、特に、徴兵可能な人口を推定する上で有用だったため、英国政府からも注目を集めた。

どちらの書籍も、死への人々の認知に対し、合理的な意思決定に関する洞察を行っている点で共通性がある。これらは、人類と社会に大きな変化をもたらした。リスクという概念を用いて未来に対する意思決定、いわば予測に基づいた判断を下せるようになったのである。こうして、地中海商業と海上保険の分野を皮切りに、一七世紀以降、リスクと意思決定の概念は学術的にも商業的にも急速に発展した。二〇世紀になると、医学、災害分野、原子力分野、環境分野など様々な分野で確率的リスク予測の概念が根付くことになった。

リスクの概念が様々な分野で根付くと、安全をどのように担保するか、という考え方も整理されることになる。安全（Safety）に関する学術的な定義としては、ＩＳＯ／ＩＥＣのガイド51第三版の「許容不可能なリスクがないこと（freedom from risk which is not tolerable）」が広く知られている(2)（ISO/IEC 2014：日本規格協会 二〇一五）。これは、機械や電気などの幅広い分野における安全の学術的定義として広く知られるもので、ＩＳＯ／ＩＥＣガイド2の第四版（一九八三年）をルーツとする（岸本・平井 二〇一五）。したがって、この定義が登場して以来、三五年以上が経過していることになる。

この定義は、完全にリスクがない状態（ゼロリスク）を安全とするのではない。社会として「許容不可能なリスク」がどれくらいかということについて合意を持ち（この「許容不可能なリスク」の大きさは、事象ごとに異なる）、それよりも当該事象のリスクが低ければ安全と見なす、という考えである。これにより、ややもすると主観的であったり、抽象的な概念である「安全」に関して、客観的に判定することが可能となり、基準値の設定や規制に関する正当性が議論できることになる。もちろん、どのように「許容不可能なリスク」

について合意するか、また、そもそも、どのようにリスクを予測するか、という本質的な問題がある。放射線被ばくや化学物質のリスク予測や許容不可能なリスクレベルの考え方およびその基準値の具体的事例については次節で紹介しよう。

4　リスクと基準値

安全に関する基準値には、①ゼロリスク的な基準値、②許容できるリスクに基づく基準値、③費用との兼ね合いで決められる基準値、という三つのアプローチがある（村上 二〇一七）。①や③は、前節で紹介した「許容不可能なリスクがないこと」を安全とするという概念が一般的になる前から用いられてきた基準値だが、仮にゼロリスクであれば、当然許容不可能なリスクはないということになるだろうし、費用とのバランスが取れたリスクの大きさを許容不可能なリスクがない状態と解釈すれば、①や③も、広い意味では、許容不可能なリスクがないことに基づくといっていいかもしれない。しかし、社会実装されている基準値は、それほど単純ではなく、実行可能性の観点も加味されたり、リスクの大きさがあいまいな場合もしばしばである。本節では、そういった事例を見ていく[3]。

放射線被ばくのリスク予測と基準値

放射線被ばくのリスクに関連した分野には、原子放射線の影響に関する国連科学委員会（UNSCEAR）、国際放射線防護委員会（ＩＣＲＰ）、国際原子力機関（ＩＡＥＡ）といった様々な国際機関がある（Tanigawa et al.

2017)。このうち、ICRPは、専門家で構成された民間の国際学術組織であり、UNSCEARの報告などに基づきながら、放射線防護に関する勧告を行う。ICRPの勧告に基づいて、IAEAがガイドラインを提示し、日本も含めた様々な国はこれに沿って、国の法律や指針を作成する。これにより、安全に関する基準が法的拘束力を持つことになる。本節では、基本的にICRPでのリスクの考え方やリスク管理方法に基づいて説明する。

放射線被ばくによるリスクは、確定的影響と確率的影響に分けて考える（ICRP 2007）。確定的影響は、短時間で高い線量を被ばくした際の悪影響を指し、しきい値となる線量を超えると損害が生じると考える。しばしば誤解されるが、確定的影響におけるしきい線量とは、すべての人にとってゼロリスクを意味する値ではない。放射線の影響は個人差があり、感受性の高い一パーセントの人が発症するレベルをしきい線量と見なす。しきい線量は発生する影響の種類によって異なり、最も低いしきい線量は、男性の一時的不妊などに関するもので、約一〇〇ミリシーベルトである。これらの値は、広島・長崎の原爆被爆者の生存者など、ヒトを対象にした疫学研究などから定められる。

これに対し、確率的影響は、線量が低くても、何らかの悪影響が確率的に生じるという考えに基づく。確率的影響の代表的な疾病はがんである。一〇〇〇ミリシーベルトの線量でおおよそ四パーセントに致死性のがんが生じると考える。自然放射線以外の被ばくを受けなくても、日本人の場合、おおよそ二〇パーセントががんで死亡する（国立がん研究センター 二〇一七）。原子力発電所（原発）事故や医療などで、一〇〇ミリシーベルトを追加的に被ばくしたとき、がんで死亡するリスクが二四パーセントになるという意味になる。線量に対するがんのリスクの大きさは、広島・長崎の原爆被爆生存者を数十年にわたって調査した結果から推定されたものである。原爆被爆生存者の調査では、一〇〇ミリシーベルト以下の被ばくでは、がんが増加するかは統計的には明らかになっていない。被ばくのないときの二〇パーセントのがん死亡に対し、統計的に判定することができないくらい小さな増加しかないからである。生態的なメカニズムの観点から、がんに関しても、低線量下では確率的に発生するのではなく、しきい値があるとの議論がある。しかし、ＩＣＲＰでは、一九五八年勧告における以下の説明以来（ICRP 1959）、一貫して低線量下でも比例的にがんが発生するとするしきい値なし直線（ＬＮＴ）仮説を用いている。

白血病誘発にはしきい値があると仮定する考えもあるが、最も控えめな方法としては、しきい値も回復もない、その頻度は蓄積線量に比例するであろう、と仮定する。

すなわち、一〇〇ミリシーベルト以下の線量では、本当にがんが増加するかはよくわからないが、リスクを大きめに見積もり、がんが増加すると想定して対策を打つ、という考えを採用している（図9-2）。ここでいうがんのリスクとは、実際にがんにかかる確率を示しているというよりも、人々の安全に資するために、想定される中で最大の値をとった、というニュアンスに近い。すなわち、ここでいうリスク予測とは、人々の疾病の

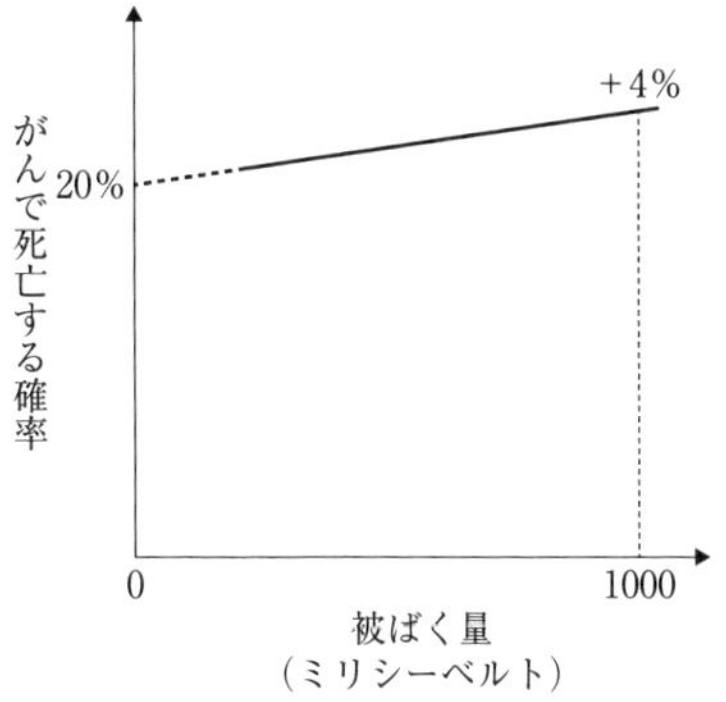

図9-2　確率的影響のリスクの考え方

確率を精緻に予測する方法論というよりも、リスク管理や規制をどのようにするべきか、という社会的な要請に基づいた方法論なのである。確定的影響に加えて、このような確率的影響の考えが採用されるようになったのは、旧ソ連で原発の運転が開始したことや大気中の核実験由来の降下物など、一般公衆を含めた低線量での被ばくを考慮する必要が生じたという社会的状況によるところが大きい。

確率的影響には、がんだけでなく、次世代影響（生まれてくる子供や将来世代への悪影響）も含まれ、一〇〇〇ミリシーベルトで〇・二パーセントとされている。広島・長崎の原爆被爆に関する調査では、被爆した人としていない人を比較することで、次世代影響の増加は生じていないことが明らかとなっている（UNSCEAR 2011）。しかしながら、防護の方法論としてリスクを高めに見積もる形で採用されている。なお、二〇一一年の福島第一原発事故による福島県民の被ばく線量は広島・長崎の原爆被爆による線量よりもはるかに低いため、次世代影響の増加は生じないと推測されている（UNSCEAR 2014）。

こうしたリスク予測の考えを前提に、医療関係者や原発作業員などの職業的な被ばくに関する基準値（正確には、「線量限度」）と、一般公衆の被ばくの基準値が定められている。一九五八年勧告以前は、放射線被ばくによる悪影響にはしきい値があるとの考えに基づいてこれらの基準値が定められていた。これは上述の①ゼロリスク的な基準値に該当する（本章では多くの人にとってゼロリスクだが一部の人にとってはリスクがある、という意味でゼロリスク「的」な基準値と呼んでいる）。

職業人と一般公衆の被ばくの基準値は、これまでに何回かの改訂を経ている。まず、一九五八年勧告でしきい値なし直線（LNT）仮説が導入された後、一九七七年勧告にて、当時の線量の基準値が妥当かどうか、がんのリスク予測と容認できるリスクレベルの観点から確認された（ICRP 1977）。この際、がんのリスクは、上述のように、広島・長崎の原爆被爆生存者の調査結果を用いながら、低線量でもがんが確率的に発生するという考えに基づいて推定された。職業被ばくに関する容認リスクレベルは様々な職業の事故死亡率をもとに算出され、「高い安全水準の職業は、職業上の危険による平均年間死亡率が10^{-4}（〇・〇一パーセント）を超えない」を根拠とした。こうして、リスク予測の結果と容認できるリスクレベルを比べることで、職業上の被ばくに関する基準値は妥当であるという見解が示された。一方、一般公衆に対する容認リスクレベルについては「日常生活で通常受け入れられているリスクは職業上のリスクより一桁低い」などを根拠に、一般公衆の被ばくの基準値についての妥当性（職業被ばくの一〇分の一）が言及された。

一九九〇年にはこれらの基準値は改訂され（ICRP 1991）、この値のまま現在に至る。一般公衆の被ばくの基準は、「自然放射線の被ばく量の地域差」から判断されている。自然放射線量は地域によって異なり、この線量の差は、容認されるものであろう、という考え方である。具体的には、変動の大きいラドンを除き、自然放射線からの平均被ばく量は年間一ミリシーベルトで、地域によっては少なくともその二倍あることから（すなわち、地域差は年間一ミリシーベルト）、年間一ミリシーベルトが一般公衆に対する放射線被ばくの基準と採用された。この値が、福島での原発事故後、除染などによる最終目標値とされたルーツである。

職業被ばくの基準値の改訂は、主に、広島・長崎の原爆被爆生存者の調査結果の蓄積によってリスク予測の値が変わったこと、および、容認リスクレベルの変更に基づく。容認リスクレベルの変更は、集団全体の平均的なリスクから、個人のリスクに基づいた管理へと考えが移行したことによる。すなわち、一九七七年勧告では職業人全体の平均的なリスクを算出していたのに対し、一九九〇年勧告では、最も被ばく量の高い個人（基準値上限の被ばくをした人）のリスクを対象としている。最もリスクの高い個人の権利を認めるという社会的な変化に反映した形になったといえよう。具体的な容認リスクレベルの大きさは、英国王立協会による容認リスクレベルに関する社会調査の報告書（The Royal Society 1983）を主な根拠とした。同報告書では、米国大統領の暗殺死（年間二パーセント）、自発的なスポーツ活動やプロのスタントの死亡率（年間〇・三―〇・六パーセント）、一―二〇歳の男性の死亡率（年間〇・一パーセント未満）、危険な職業上（採石、鉱山、建設など）の死亡率（年間〇・〇一―〇・〇三パーセント）、製造業の死亡率（年間〇・〇〇三パーセント）に基づいて、次のように記されている。

年間死亡率10^{-2}（一パーセント）は容認できないが、10^{-3}（〇・一パーセント）の場合は、その個人が状況について知っていて、リスクに匹敵する恩恵を受けていて、リスク低減のための手段が講じられているならば、全く容認できないとはいえない。

これは、パターナリズムの観点から年間死亡率一パーセントを「容認できない」とし、自由主義の観点から年間死亡率〇・一パーセントを「全く容認できないとはいえない」と見なした、と考えることができる。このような根拠から、職業被ばくの基準値は、五年間で一〇〇ミリシーベルト（平均で年間二〇ミリシーベルト）と定められた。この年間二〇ミリシーベルトが、福島での原発事故後の避難に関する基準のルーツである。

このように、職業人と一般公衆を対象とした放射線被ばくに関するリスク予測と基準は、もともとは①ゼロリスク的な基準値であったのに対し、一九七七年勧告を経て、②許容できるリスクに基づく基準値、に移行した。さらに、そのリスク予測や許容できるリスクレベルは、調査に基づく知見の蓄積とともに更新されている点に特徴がある。固定的なリスク予測に基づいて規制措置が一意に定められるというよりは、知見の蓄積に基づいてリスク予測自体が更新されたり、集団全体から個人の保護といった社会的価値観の変化なども組み込まれながら意思決定されているのである(4)。

化学物質のリスク予測と基準値

化学物質でも、放射線被ばくと同様に、しきい値の有無によってリスク予測の考え方が異なる。しきい値のない物質は、遺伝子損傷をもたらす発がん性物質が該当し、しきい値のある物質は、それ以外のすべてが該当する。急性毒性や遺伝子損傷のある発がん以外の慢性毒性には、しきい値があると考えるのである。

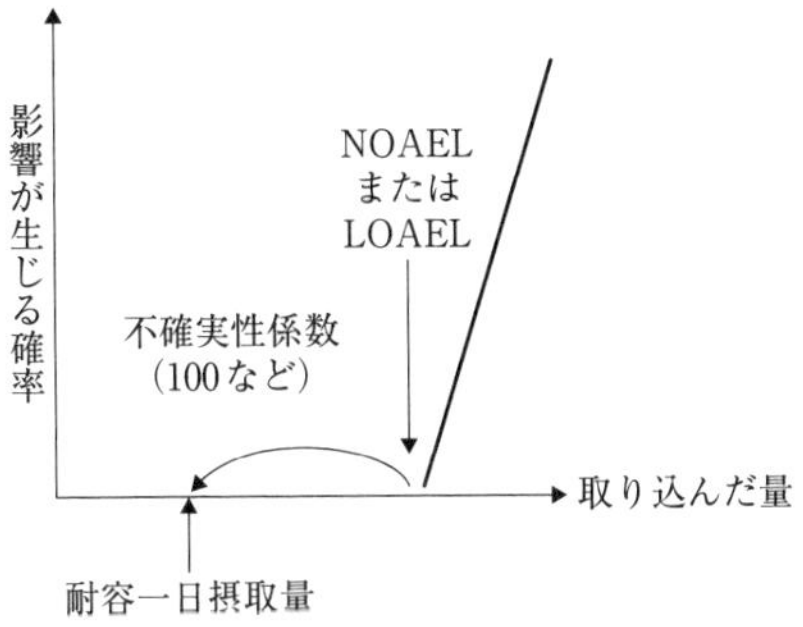

図 9-3　しきい値がある場合のリスクの考え方

　しきい値がある場合、ある用量以下ならば、悪影響が生じないと考える（図9-3）。これは、放射線被ばくにおける確定的影響の考え方と本質的に同じである。化学物質の場合は、疫学研究（ヒトを対象とした研究）や動物実験から毒性が観察されなかった量（NOAEL）あるいは最小毒性量（LOAEL）に不確実性係数を加味しながら耐容一日摂取量を算出し、この耐容一日摂取量よりも一日に取り込んだ量（一日用量）が少ないときにはリスクがないと考える。したがって、このようなしきい値があることを想定した基準値は、①ゼロリスク的な基準値に該当すると整理できよう。

具体的な例として、日本の水道水質基準のいくつかの項目を見てみよう（厚生労働省 二〇一八）。水道水質基準は、一般公衆へのリスクへの規制に該当する。水道水中の硝酸態窒素および亜硝酸態窒素は、急性毒性（乳幼児のメトヘモグロビン血症）の観点から基準値が設定されている。基準値の根拠となったのは疫学研究（一九四〇年代後半における報告数二七八件以上）（Walton: 1951）であり、毒性が観察されなかった濃度（NOAELに相当する）である一リットルあたり一〇ミリグラムが基準値として設定されている。ここでは、不確実性係数は加味されていないため、NOAELと同じ値が基準値となっている。一方で、同じくしきい値がある四塩化炭素の基準値では、不確実性係数が用いられている。具体的には、ラットへの経口投与実験（一グループ一五―一六匹、曝露期間一二週間）（Bruckner et al. 1986）から得られたNOAELに不確実性係数として一〇〇〇倍を加味している。この一〇〇〇倍とは、種間差一〇倍と個体差一〇倍と短期間試験による因子一〇倍の積である。すなわち、ラットよりもヒトの方が一〇倍高い感度を持つ（リスクが高い）かもしれないこと、ヒトの中での個体差として一〇倍くらい感度が異なるかもしれないこと、長期間の実験であれば一〇倍くらい感度が高いかもしれない、という可能性を加味した、という意味である。不確実性係数を一〇〇〇倍と設定することで、不確実性係数を加味しなかった場合よりも基準値は一〇〇〇倍厳しい値になる。このように、ゼロリスク的な基準値の事例の特徴として、不確実性係数の設定次第で基準値が大きく異なることが挙げられ、とりわけ疫学研究がない場合において顕著である。

上の例でみたように、しきい値のある化学物質の基準値は、一般に、数十匹程度の動物実験、あるいは数百人から多くても数千人程度の疫学研究で得られたNOAELやLOAELに不確実性係数を加味して基準値が算定されている。これは、前述したように、万人にとってのゼロリスクを担保するものではない。いいかえれば、これらの基準値は、多くの人にとってはゼロリスクだが、高感受性の一部の少数にとってはリスクがありうる状況を意味している。放射線防護の分野では、しきい線量を一パーセントの出現頻度をもたらす線量と定義していたのに対し、化学物質のリスクについては、リスクがありえる「一部の少数」がどのくらいなのかは不明確である。

職業人の基準では、不確実性係数は一般公衆よりも小さく設定される。つまり、基準としては緩くなる。例えば、アントラジンという物質に関する職業人の基準では、動物実験のデータを用いて算出されているが、不確実性係数は一〇にすぎない（日本産業衛生学会許容濃度等に関する委員会 二〇一五）。このように、動物とヒトの種間差のみを考慮するだけで、ヒトの個体差に関する不確実性係数は含まれないか、一〇よりも小さい値を用いるのが一般的である（中西ほか 二〇〇七）。これは、職業人を対象としており、高感受性のヒトへの影響に関する因子を考慮しないためと説明されている。

次に、しきい値のない場合のリスクの考え方と基準値の例を見ていこう。しきい値のない場合のリスクの考え方は、原則的に放射線被ばくの確率的影響と同じであり、取り込んだ量が少なくても、確率的にがんが発生すると考える。取り込んだ量とリスクの大きさの関係にはいくつかのモデルが提案されているが、直線的な関係（しきい値なし直線（LNT）仮説に相当）を想定する場合が多い。

しきい値のない場合の基準値は、①ゼロリスク的な基準値を前提とした規制措置は取られない。②許容できるリスクに基づく基準値、③費用との兼ね合いで決められる基準値、のどちらかの考え方が採用される。

日本では、一般公衆における許容できるリスクレベルとして、一般に一媒体（例えば大気など）中の一つの化学物質に対して生涯発がんリスク10^{-5}（〇・〇〇一パーセント）が用いられる[5]。例えば、大気中のベンゼンの環境基準であれば、工場での疫学調査（一一六五人）に基づいて、生涯発がんリスク10^{-5}に相当する濃度から一立方メートルあたり三マイクログラムの環境基準値が設定された（中央環境審議会大気部会環境基準専門委員会一九九七）。

放射線被ばくの職業人の許容リスクレベルが、他の職業上の事故死のリスクなどと比較して定められてきたのに対し、化学物質の許容リスクレベルは、米国デラニー条項（一九五八年制定、一九九六年廃止）による加工食品への発がん性物質の使用禁止を契機とする。この条項は、ゼロリスク的な指向を反映したものであったが、その後、農薬、医薬品、殺菌剤などの必須化学物質に発がん性があることが分かり、裁判などを経て実質的に安全なレベルの大きさが議論されることとなった。最終的には、生涯発がんリスク10^{-6}～10^{-4}（〇・〇〇〇一～〇・〇一パーセント）が許容リスクレベルに相当するという相場観が醸成された（中西 二〇〇四）。日本では、一九九六年の大気環境基準値に関する中央審議会で初めて生涯発がんリスク10^{-5}が明示された。その根拠として、中央環境審議会大気部会健康リスク総合専門委員会は、落雷や交通事故といった日常生活で遭遇するリスクとの比較や生活者・企業研究者・ジャーナリスト・地方公共団体職員らからの意見聴取などを挙げている（中央環境審議会大気部会健康リスク総合専門委員会 一九九七）。なお、ここでいう10^{-5}は当面の目標値であり、これを容認していいというわけではないとも言及されている点に留意が必要である。社会状況の変化に応じて、このリスクレベルは更新される（より厳しい基準が設定される）ことを視野に定められたものであった（中央環境審議会 一九九六）。

放射線被ばくに関する許容リスクレベルは、飲食物や呼吸由来の内部被ばくや外部被ばくの線量を総合的に管理するのに対し、化学物質に対する許容リスクレベルは、一般的に一媒体一物質に対して用いられる。一生涯10^{-5}とは、一〇〇個物質があれば10^{-3}に相当する。媒体が、水・大気・食品と三つあれば、3×10^{-3}になる。発がん性のある化学物質の数は不明であり、総合的なリスクがどのくらいかも分からない。これは、化学物質が多種多様あり、新たに合成される物質もあるため、総合的にリスク管理することが実質的に不可能であり、物質ごとに管理せざるを得ないという現実的な事情があるからである。したがって、放射線被ばくと化学物質の基準と単純に比較して、どちらの分野のリスクレベルの方が高いとか、基準が緩い、などと結論づけるのは適切ではない。

費用との兼ね合いで決められる基準値の例を示そう。例えば、飲料水のヒ素がこれに相当する。日本の水道水質基準値は、生涯発がんリスク10^{-5}に相当する濃度を算定するのではなく、飲料水からヒ素を除去することが現実的に困難であることなどから設定されている（厚生労働省 二〇一八）。一方、米国環境保護局（EPA）では、飲料水中のヒ素の基準値を規制強化する際に、費用（処理などにかかわる費用）と便益（リスク削減に対して支払ってもよいと人々が考える金額）の比較を基準値設定の正当化の理由の一つとして位置づけている（EPA 2000）。このように、日本と米国では基準値の値は同じだが、その説明の根拠の具体性が異なる。

以上のように、放射線被ばくと化学物質のリスクと基準値について見てきたが、体系的な方法論があるように見えて、不確実性係数の大きさや、②許容できるリスクに基づく基準値と③費用との兼ね合いで決められる基準値のどちらのアプローチをとるかなどは、個別に設定されていることに気づく。リスクが小さいほうがいい、という考えに立てば、基準値が厳しいほうがいいことになるが、職業人の基準を一般公衆と同じリスクレベルまで求めてしまえば、商業活動や医療行為など、現実的には全く機能しないものになってしまう。実行可能性を勘案して基準値が定められていると考えるべきであろう。また、許容リスクレベルに基づく基準値の例として上述した大気中ベンゼンの環境基準値の設定の際にも、一見演繹的に算定されているようでいて、こちらも実行可能性が考慮されている。大気中ベンゼンの環境基準値の設定は、もともとは、生涯発がんリスク10^{-5}ではなく、10^{-6}を目標とする予定だったとされる。実環境中のベンゼン濃度（当時の幾何平均値として一般環境：一立方メートルあたり五・三マイクログラム）（中央環境審議会 一九九六）を考慮すると、10^{-6}に相当する基準値の設定は実行可能性の点で疑問符が付かざるをえなかったであろう。また、そもそも、飲食物中の自然由来・非意図的な物質（例えばアクリルアミド、無機ヒ素、自然起源放射性物質）など、生涯発がんリスク10^{-5}を超えるリスクでも（村上・永井 二〇一三）、リスクレベルに基づいて基準値を設定することが困難な場合もある。守ることのできない基準値を作成しても意味はなく、守られる体制をつくることに重点を置きながら、実行可能な限りのリスクを低減するための規制がとられているといえよう。

結　論――新しい形の基準値

前述のように紹介してきた基準値は、パブリックコメントを通じた議論などがあるとはいえ、どちらかといえば、自由主義とパターナリズムの視点を加味しつつトップダウン的に定められている。専門家の間で決められている要素が強く、果たして一般公衆の多くが合意した基準といってよいかは疑問に思うかもしれない。その一方で、実行可能性から基準値が定められている点も理解はできよう。

こういった基準値に対し、近年では、アプローチの異なる規制が導入されてきている（村上 二〇一五）。例えば、一九九〇年代末の遺伝子組換え作物論争の際には、「この論争は安全性に関するものではない。どのような世界に生きたいかという、はるかに大きな問題に関するものだ」との指摘がイギリス政府の報告書に紹介されている（Select Committee on Science and Technology 2000）。すなわち、リスクの大きさそのものというよりも、どのような社会を目指すかという一般公衆も含めた議論そのものの重要性が強調されている。二〇一一年の原発事故でも、避難指示解除において、県・市町村・住民間での協議が重視されている。二〇一二年に導入された飲食物中放射性物質の新基準値では、チェルノブイリ事故での経験を踏まえて、とりわけ消費者の声が重視された。行政的な規制ではなく、ステークホルダー間の独自ルールとしての規制もある。例えば、柏市の「安全・安心の柏産柏消」円卓会議では、独自のルールとして、消費者にとって納得でき、生産者にとって目標となる値の基準値がステークホルダー間で合意された（五十嵐 二〇一二）。

これらの基準値は、いずれも様々なステークホルダーが関与している点で共通項が見られる。さらに、リスクの大小そのものではなく、安全を追求しているかどうか、「生きたい世界」に向かっているかどうか、という観点から、基準値や規制のあり方が論じられている点が特徴である。前項で示してきたような伝統的な基準値の算定プロセスそのものに問題があったからというよりも、どちらかというと、災害などの社会的な注目が集まる事象が起きた当該地域においては、ステークホルダー間で合意されるような規制が求められてきた、という社会的な要請と経験則に基づくものと位置づけられる。

こうした新しい基準値のあり方を、伝統的な基準値（スタンダードⅠ）に対し、スタンダードⅡと呼ぶこと

表9-1　スタンダードⅠとスタンダードⅡ（Murakami 2016）

スタンダードⅠ	スタンダードⅡ
●トップダウン的基準・意思決定 ●（最低限の）合理的な安全の保障 ●統治者による管理 ●客観的リスク（死亡率など） ●悪いことを減らす	●生きたい世界を実現する基準・意思決定 ●納得感、満足感、信頼感、誇りの獲得 ●ステークホルダーによる合意 ●主観的・社会的価値（幸福度など） ●正しいと思う方向へ向かう

ができそうである（表9-1）（Murakami 2016）。

スタンダードⅠが客観的リスクを礎に、合理的な安全の保障の担保やリスク低減を目的とするトップダウン的指向の基準値であるのに対し、スタンダードⅡは、主観的・社会的価値観を礎に、満足感や誇りの獲得や生きたい世界を実現するステークホルダーで合意された基準値と整理できる。スタンダードⅡは、数字そのものよりも、基準値設定に関与するプロセスとフレームの意義が大きい。スタンダードⅠの設定は必要不可欠であろう。しかし、災害などの社会的インパクトの大きい事象に関する基準値については、これまでの教訓からスタンダードⅡの役割が大きいことが示されている。スタンダードⅠが社会の平均的な状況下における実行可能性から定められている点が多分にあるのに対し、スタンダードⅡは、特異的な条件下における様々な立場のステークホルダーにとっての実行可能性が考慮されているからである。この規制は、人々が「正しいと信じる方向へ向かう」社会を後押しする枠組みとしても機能する。

私たちは、リスクを予測できれば、演繹的に規制などの社会的意思決定がなされていると思いがちである。しかし、安全の担保において、リスク予測の不確実性や実行可能性が重要な要素である以上、予測されたリスクをどのように扱うかということが重視されるのは、現実的な社会における自然な帰着でもある。今後は、個人の価値観の多様化と民主的価値観の浸透と共に、規制に関する意思決定に向けて、専門家のみならず、一般公衆を含めて予測を扱う重要性がますます増加するだろう。

（1）　一般には、リスク評価という言葉を用いることが多いが、本書ではリスク予測という言葉で統一した。
（2）　近年、レジリエンス工学の分野において、ＩＳＯ／ＩＥＣガイド51などに代表される伝統的な安全の定義に対し、成功事例を評価し、その能力を伸ばすことに着目した「物事を正しい方向へ向けること」という定義が提案された。前者を「安全Ⅰ」、後者を「安全Ⅱ」とし、両者の考え方を組み合わせて問題解決に向かうことが重要であると述べられている（Hollnagel 2014）。なお、安全の辞典的な語釈については、既報（村上 二〇一六）を参照されたい。
（3）本章中の基準値の算出方法の詳細や歴史的経緯の詳細などは、既報（村上ほか 二〇一四；村上 二〇一五；村上 二〇一七）にも記されているので、興味のある方は参照いただきたい。
（4）　本書では紹介しなかったが、飲食物中の放射性物質の暫定規制値は、③費用との兼ね合いで決められる基準値に該当する（村上ほか 二〇一四）。
（5）　ここでいう生涯発がんリスクとは、ある化学物質が原因で、「一生涯」の間でがんに「発症」する確率を示す。これに対し、放射線被ばくの基準値では、「年間」のがん「死亡率」などをもとに議論することが多い。

参考文献

五十嵐泰正 二〇一二：『「安全・安心の柏産柏消」円卓会議、みんなで決めた「安心」のかたち――ポスト3.11の「地産地消」を探した柏の一年』亜紀書房。
伊勢田哲治・戸田山和久・調麻佐志・村上祐子 二〇一三：『科学技術をよく考える――クリティカルシンキング練習帳』名古屋大学出版会。

辛島恵美子　二〇〇〇：「言葉「リスク」の歴史と今日的課題」『保険物理』三五号、四七三―八一頁。
岸本充生・平井祐介　二〇一五：「ＩＳＯ／ＩＥＣガイド51における「安全」の定義の変更を巡って」『日本リスク研究学会誌』二四号、二三九―四二頁。
国立がん研究センター　二〇一七：「最新がん統計」。https://ganjoho.jp/reg_stat/statistics/stat/summary.html（二〇一八年三月三〇日閲覧）
厚生労働省　二〇一八：「水質基準（案）　根拠資料一覧」。http://www.mhlw.go.jp/topics/bukyoku/kenkou/suido/kijun/konkyo.html（二〇一八年三月三〇日閲覧）
中央環境審議会　一九九六：「今後の有害大気汚染物質対策のあり方について（二次答申）」。http://www.env.go.jp/air/kijun/toshin/02.pdf（二〇一八年三月三〇日閲覧）
中央環境審議会大気部会環境基準専門委員会　一九九七：「ベンゼンに係る環境基準専門委員会報告」『大気環境学会誌』三二巻四―二号、一九―三三頁。
中央環境審議会大気部会健康リスク総合専門委員会　一九九七：「閾値のない物質に係る環境基準の設定等に当たってのリスクレベルについて」『大気環境学会誌』三二巻四―二号、三―七頁。
中西準子　二〇〇四：『環境リスク学――不安の海の羅針盤』日本評論社。
中西準子・花井荘輔・蒲生昌志・吉田喜久雄　二〇〇七：『不確実性をどう扱うか――データの外挿と分布』リスク評価の知恵袋シリーズ2、丸善出版。
日本規格協会　二〇一五：『JIS Z 8051（ISO/IEC Guide 51）　安全側面――規格への導入指針』。
日本産業衛生学会許容濃度等に関する委員会　二〇一五：「アトラジン」『産業衛生学雑誌』五七号、一七二―八頁。
ハッキング、Ｉ　二〇一三：『確率の出現』広田すみれ・森元良太訳、慶應義塾大学出版会。
バーンスタイン、Ｐ　一九九八：『リスク――神々への反逆』青山護訳、日本経済新聞出版社。
村上道夫　二〇一五：「基準値の科学――放射線防護分野と環境分野のレギュラトリー・サイエンス」『Isotope News』七三九号、四四―七頁。

村上道夫　二〇一六：「明治時代以降の辞典における「安全」と「安心」の語釈」『日本リスク研究学会誌』二六号、一四一—九頁。
村上道夫　二〇一七：「基準値設定の体系化と今後の展望——非定常時の基準設定に向けて」『日本衛生学雑誌』七二巻一号、三二—七頁。
村上道夫・永井孝志　二〇一三：「微量化学物質の発がんリスクとその受容レベル」『水環境学会誌』三六A号、三二三—六頁。
村上道夫・永井孝志・小野恭子・岸本充生　二〇一四：『基準値のからくり——安全はこうして数字になった』講談社ブルーバックス。
ラルゴ、M　二〇一二：『図説　死因百科』橘明美監訳、紀伊國屋書店。
Bruckner, J. V., MacKenzie, W.F., Muralidhara, S., Luthra, R., Kyle, G. M., and Acosta, D. 1986: "Oral Toxicity of Carbon Tetrachloride: Acute, Subacute, and Subchronic Studies in Rats," *Fundamental and Applied Toxicology*, 6, 16-34.
EPA 2000: *Arsenic in Drinking Water Rule Economic Analysis.*
Hollnagel, E. 2014: *Safety-I and Safety-II: The Past and Future of Safety Management.* Ashgate Publishing.
ICRP 1959: ICRP Publication 1.
ICRP 1977: ICRP Publication 27.
ICRP 1991: ICRP Publication 60.
ICRP 2007: ICRP Publication 103.
ISO 2009: Guide 73 Risk Management-Vocabulary.
ISO/IEC 2014: *Guide 51 Safety Aspects-Guideline for Their Inclusion in Standards,* 3rd edition.
Murakami, M. 2016: "Risk Analysis as Regulatory Science: Toward the Establishment of Standards," *Radiation Protection Dosimetry*, 171 (1), 156-162.
Select Committee on Science and Technology 2000: *Science and Technology.* Third report, House of Lords.

Tanigawa, K., Lochard, J., Abdel-Wahab, M., and Crick, M. J. 2017: "Roles and Activities of International Organizations after the Fukushima Accident.," *Asia Pacific Journal of Public Health*, 29(2_suppl), 90S–98S.

The Royal Society 1983: *Risk Assessment: Report of a Royal Society Study Ggroup.*

UNSCEAR 2011: *UNSCEAR 2008 Report,* Volume Ⅱ. United Nations.

UNSCEAR 2014: *Sources, Effects and Risks of Ionizing Radiation. UNSCEAR 2013 Reports to the General Assembly with Scientific Annexes.* United Nations.

Walton, G. 1951: "Survey of Literature Relating to Infant Methemoglobinemia due to Nitrate-Contaminated Water," *American Journal of Public Health and the Nation's Health*, 41, 986–96.

第10章　予測と政策のハイブリッド
——日本の経済計画における予測モデルと投資誘導[1]

ソン・ジュンウ

1　経済予測の二面性

現実の動きを計測し、その推移を予測可能なものにするために様々な統計モデルと手法が導入されてきた。そのようなモデルと手法は、予測を単なる希望や予言から区別し、客観的根拠に基づく未来記述の科学的営みに昇華させる。しかしながら、モデルと手法の導入や評価がいつも科学性と客観性のみを基準としたとはいいがたい。本章は経済予測に焦点を合わせて、統計的モデルと手法の導入を牽引してきた背景に、経済予測の発表が受け手の認識や行動に及ぼす影響に関する期待と考慮も含まれていたことを示す。

科学的基準に従って行われた予測であっても予測は発話行為としての影響力を持つ。経済予測の歴史においても、統計予測とその受け手の間で生じる相互作用の事例はたびたび報告され、経済予測の専門家によって議論の対象にされてきた。例えばケインズの理論は、収益見通しに対する企業家の読解が、不確実性の高くなる状況では悲観的な方向へ引っ張られ、その悲観的予想と不安から生じた群集心理が投資を縮小させることを、市場経済における不況の主要な原因の一つとして取り上げる。同時に、経済予測に対する企業家の読みを楽観的な方向へ導き、健全なレベルの投資を維持するための裁量的財政政策および慣行（コンヴェンション）の役割も、ケインズ理論によって議論されてきた（江川 二〇一三、六〇―六四頁：Holmes 2014: 19–38; Pixley 2002：鈴木 二〇〇四：東條 一九九七）。社会主義の集権的計画経済に市場経済システムを導入しようとした一九八〇年代の改革社会主義政策が失敗で終わった原因を、企業が政府のマクロ経済予測を支出計画のための客観的情報ではなく、旧ソ連の中央計画機関が発表した生産目標のように受け取り、予算制約を超えて生産を拡大し続けたことから探る経済学研究もある（Desrosières 2011; Eyal 2003; Kornai 1992; 吉井 一九九六）。経済予測の専門家たちの中で、予測が発話としての影響力を持つことが既に認識されていたとしたら、そのような認識が深化・多様化することを背景に、予測手法の導入または改良に関する議論はどのように変化するのであろうか。

既に第1章（福島）で説明した予測モデルの行為遂行性の概念からわかるように、経済学の手法や計算装置が経済を記述する科学の一部である一方、われわれの認識や行動に介入する発話行為でもある二面性を持つ。これは、一九九〇年代以降の社会学・人類学・歴史学研究者の関心を引きつけ続けてきたテーマである。しかしながら、その手法や装置の開発に関わっている経済学者の間で、その二面性がどう扱われてきたかに関する研究はあまり存在しない。経済学の手法や装置の行為遂行性の議論してきたミシェル・カロンも、経済学の理論モデルや予測式が実際の経済に及ぼした影響について議論を進めた経済学者の例をいくつか取り上げたことはあったが、主に経済学の中の少数派の逸話として紹介しているのみにとどまる(2)（Callon 2007）。カロンも述べているように、経済学の手法や装置が持つ二面性に対する経済学者の反応は、客観的な科学としての経済学の規範により制約されているのかもしれない。経済予測の専門家たちがたとえ統計表と予測指数の発話としての影響力に関して議論を進めていたとしても、それはその影響力を科学の規範から脱線した異常として問題化し、抑止または事前に防止する策を練るためである。実際、経済学が社会科学の中で最も自然科学の規範に準じる手法を発展させようとしてきた歴史は否定できない。

しかし、経済学が統計的手法を用いてきた歴史はより多面的である。少なくとも経済予測においては、統計の発表で認識や行動を誘導する方法が公に議論される事例が続いてきた。一九二〇年代からアメリカの制度派経済学者によって牽引された、景気循環（ビジネスサイクル）指標の開発はその一例である。景気循環指標は、経済予測の根拠を「所与の状況の下での人間行動の個人的観察」から「人間行動の統計的一般化」に替えることを目的とした、科学的な長期経済予測の出発点として取り上げられる（斎藤 一九九〇、一五一―五二頁）。同時に、制度派経済学者たちは、景気循環指標を通じる「企業経済の全体像」の発表が、個人的な情報源のみに頼り、「供給者・顧客・競争者からのシグナル」のみを意思決定の参考にしてきた企業家の経済行動を矯正し、特に過剰投資を抑えることをも期待した（Breslau 2003 : 405）。経済予測においては、統計的モデルや手法の高度化と統計の発表による行動への介入は必ずしも相容れない指向ではなく、予測の発話としての影響力に関する議論が統計的手法の開発や導入を牽引した側面もあったことを、日本の事例を通じてさらに明らかにしたい。

本章は一九六〇年代の日本の経済計画における計量経済モデルの導入を分析する。国民所得倍増計画（一九六〇年）、中期経済計画（一九六五年）、そして経済社会発展計画（一九六七年）が次々と発案された一〇年は、計画の想定していた長期予測をその実際の結果と比較しながら再検討し、予測手法の改良について経済官僚と経済学者が議論し続けた一〇年でもあった。官庁エコノミストと称する、経済学の理論と方法論に専門性を持ち、主に経済企画庁で政策開発と統計改良を務めていた官僚グループと、学界の経済学者たちが、その一〇年間取り組んでいた問題は、政府の予測を遥かに上回る過剰投資の問題である。民間の設備投資の増加が常に計画の予測を超え、経済の過剰成長に伴う様々な弊害を生じる問題の対策として、計画の予測指標への計量経済モデルの導入が提案、検討、そして決定される過程を本章は分析し、次の二点に分析の焦点を置く。

まず、本章はその一連の過程が、民間設備投資を客観的に予測するための手法の改良という図式を通じては理解できない面があることを示す。その上に、経済予測の発話としての影響力をめぐって官庁エコノミストと経済学者の間で展開された議論が、新しいモデルの導入を牽引した面を明らかにする。

2　経済計画の「基本問題」――予測のズレ

一九六八年一二月、長期経済計画の審議調査を行っていた経済審議会が経済計画基本問題研究委員会の設置を決定し、一九六九年から委員会の活動が始まった（経済計画基本問題研究委員会 一九六九a；一九六九b）。同委員会は、計画設計と推進の実務を担う経済企画庁総合計画局を仕切ってきた官僚エコノミストの大来佐武郎と向坂正男、そして長期計画に必要な理論研究と計量モデルの開発に長く関わってきた経済学者の大川一司と山田雄三を含める七人で構成されていた。この七名は一九六〇年代の経済計画を形作った主要関係者である。これらの関係者が一つの委員会に集まった背景には、「計画に想定されている目標値の多く」

表10-1　経済計画基本問題研究委員会による経済成長率の計画と実績の比較（経済計画基本問題研究委員会 1969a：3）

計画の名称	国民所得倍増計画	中期経済計画	経済社会発展計画
策定年月	昭和35年12月	昭和40年1月	昭和42年3月
策定時内閣	池田内閣	佐藤内閣	佐藤内閣
計画期間	昭和36〜45年度	昭和39〜42年度	昭和42〜44年度
経済成長率(計画)	7.2%	8.1%	8.2%
経済成長率(実績)	10.4%(36〜42年度)	10.0%(39〜42年度)	約12%(42〜44年度)

※　経済計画基本問題研究委員会が経済計画と実績を比較するために直接作った「主な経済計画一覧表」の一部をそのまま切り取ったものである。

が「成長力を低く想定したこと」で「発足後一―二年の間に経済の実際から大幅に乖離し、計画にもられている諸政策も十分に実施されないままに計画の改訂を余儀なくされている」問題が一九六〇年の国民所得倍増計画（以下、倍増計画）から続いた状況がある（経済計画基本問題研究委員会　一九六九a、一頁）。そして「目標値と実際との乖離をうみ出したもっとも基本的要因」としては、「民間投資がつねに計画において想定された目標値を上回」っていた傾向が指摘され、委員会が経済計画における「基本問題」として集中的に論じていたのはこのように「見積り」の問題であった（経済計画基本問題研究委員会　一九六九a、七頁）。一九六〇年代の経済計画における見積りと実際の乖離を、委員会は次のようにまとめている（表10-1）。

ほぼ一〇年にわたる長期予測と計画結果との比較の乖離は、経済計画の根本を問い直す問題としてしだいに格上げされることになった。しかしながら、その乖離から論じられた「基本問題」は、経済計画に用いられた「見積り」の科学、すなわち、経済予測のモデルと手法が未来の客観的記述に失敗したという問題ではなかった。経済計画が過剰投資による過剰成長を予測できなかったことは、倍増計画が始まる前の経済計画においても常に確認できる現象であった。一九五五年の経済自立五ヵ年計画の想定していた成長率が実際の成長率に追い抜かれ、一九五七年の新長期経済計画も目標としていた経済成長を二年早く達成したことは、経済学者と官庁エコノミストの間ではよく知られていたことであり、倍増計画の作成と実行の責任者であった大来佐武郎も同様であった（大来　一九六〇、三―六頁）。しかしながら、大来はその予測を上回る成長率を予測の客観性の問題ではなく、「戦後の急速な成長が、戦争からの回復過程といういわば復興要因のみによって支えられてきたのではないということ」を示し、「将来においては成長率は鈍化するだろうことが暗黙のうちに前提となっていた」従来の悲観的な考え方の修正を余儀なくする証拠として受け取ったのである（大来　一九六〇、六頁）。このような見方を反映し、倍増計画も「経済成長力が当時想定されたものより大きかったこと」を、日本経済が「ようやく戦後段階を終わりつつ、新たな発展段階を迎えようとしている」ことを示す証拠としてみなしていた（経済企画庁　一九六〇、一―三頁）。

経済企画庁経済研究所長としてこの倍増計画に助言していた大川一司のように、過剰投資の弊害に対する慎重論を唱えた見方も当然あった。しかしながら、大川も予測が間違ったことを、その予測モデルが基づいていた国民経済計算の科学性を根本的に問い直す問題現象としては認識しなかった。大川にとって予測のズレという問題は、国民経済計算が「戦後急速にその拡充をせまられ、既存の諸統計の間接的な第二次利用を極限にまで利用して作られてきた」ことで生じた過渡的問題であった（大川　一九五九、四頁）。国民経済計算の枠に基づいて収集されたデータは、一九五三年に初めて公式発表されたばかりであり（経済審議庁　一九五三）、民間設備投資に関するデータも、一九五七年になってからようやく体系的なサーベイ調査が行われ始めた状況であった（経済企画庁　一九五七：一九五八）。予測のズレを、モデルに適したデータが確保されると解決に向かうはずの問題として捉え、モデルの全面的な再検討が必要だという結論には至らなくなる。(3)

経済予測のズレが明らかになったにもかかわらず、予測モデルや方法論の再検討までには取り組まなかった日本の事例が、科学の日常的実践からして特に例外的なことであったわけではない。科学的方法論全般において、経験的データと理論または分析モデルの関係は、データによる一方的な立証や反証で成り立つ関係であるとはいいがたい。逆に科学的方法論は、実験観察を成り立たせる理論的前提を批判したり（ハンソン 一九五八；九鬼 一九九〇）、データを理論的言語に翻訳する過程を問題化したり（Quine 1951；古田 一九九八；宮館 一九八三）、測定装置の作動原理に関する不十分なコンセンサスを指摘するなど（Collins 1985）、理論をもってデータを評価する体系的な方法も教えている（Leifer 1992）。その上、理論とデータの関係は、二つ以上の理論の競争関係を背景とすることも多い。例えば、既存の理論が説明できない問題が科学者コミュニティの注目を浴びているとき、既存の理論より経験的に正確な説明を提供できる範囲は少なくても、注目を浴びている問題現象を説明することにより既存の理論と競うことができる新理論の例が、科学革命とパラダイム転換の研究で有名なトーマス・クーンによって複数取り上げられている。説明の全般的な精度は新理論が定着し、その新理論のための測定道具やデータが増えることによって改善される（クーン 一九七〇）。

日本の経済政策と経済学にとって一九五〇年代後半は、まさに経済成長の理論が新理論として基盤を固め始めた時期であった。一九五六年から一九七三年まで日本経済が見せた年平均一〇パーセントの持続的な高成長はまだ始まったばかりであったため、当時の官庁エコノミストと経済学者の間では経済成長より景気循環の理論が経験的根拠を持つと思われていた（早坂・正村 一九七四、七七頁；モーリス・鈴木 一九九二）。経済の持続的成長可能性を唱える予測が景気循環論と競い、多数の支持を得たのは、一九五七年から一九五九年まで経済専門家の注目を広く集めた二つの大論争の結果で、経済計画の評価もその論争により裏付けられた(4)。実際の成長率が計画の予測を上回り、予測が正確ではなかったとしても、成長率の動きのパターンが景気循環より持続成長の可能性を示していることが重要であった。

以上をまとめると、倍増計画から予測の問題が経済計画の「基本問題」として論じられるようになったとされるが、その議論が予測モデルの科学性と客観性に対する疑いから始まる兆しはなかった。無論、倍増計画が発案されてからも八年間続いた予測モデルの未来記述の失敗が、その過程に寄与した部分もあった可能性は否定できない。しかしながら、予測のズレが経済計画の基本問題として広く論じられ始めたのは、倍増計画の直後であり、そのような急速な問題化には別の背景が存在する。その背景は、経済予測に関わる新しい問題を定義し、予測の成功と失敗を問う新しいフレームを提示した。その新しい問題は、予測の客観性という図式のみでは説明できないものであった。

倍増計画は、まず一九五〇年代からその圧力が増していた欧米の経済先進国からの経済自由化の要求を背景とする。日本の戦後経済は経済企画庁の前身である経済安定本部によって代表される、ある種の統制経済システムを発達させていた。経済官僚が戦後のハイパーインフレーションのような経済危機の管理、そして限られた資源の有効活用による経済復興を指揮するため、資本・技術輸入・貿易などを統制する法的・行政的手段を独占するシステムであった。連合国軍総司令部は戦時の総動員体制を連想させるような経済管理体制の再登場を警戒し、自由市場に基づく経済システムを戦後日本経済の新しいモデルとして想定したが、戦後の経済復興と経済危機管理という急を要する問題は、経済自由化を先延ばしするための根拠として働いた（Gao 1997; Hein 1993）。

しかし、経済復興が進み、日本が一九五〇年代に国際通貨基金（ＩＭＦ）と関税及び貿易に関する一般協定（GATT）に加盟し、そのような根拠が薄くなっているという認識を、倍増計画の作成を主導した経済企画庁の官僚たちは共有していた。[5] 当時経済企画庁の官庁エコノミストとして倍増計画に関わっていた宮崎勇は、その状況を「先進国に仲間入りしたということ」で、「いろいろの国際的な責任と義務を負わされることになる」状況であったとみた（中村ほか 一九六四、六二頁）。その責任と義務の一つが、大来によると、「経済の動きを権力的な機構で調整」する「社会主義諸国で行われている経済計画」のような経済計画を先進国の仲間に相応しく変えることであった（大来 一九六〇、一五頁）。

日本の経済計画が「今日では採りえない政策手段を前提」せずに、「自由企業体制下に、価格機構を通じて経済を運営」するための手段を構想する中で、経済予測は新しい役割を持たされた（大来 一九六〇、一二頁：一五頁）。その構想を反映する倍増計画では、「誘導」という概念で予測の新しい役割を定義している。[6]

わが国の経済計画は、自由企業と自由市場を基調とする体制のもとで行われるものである。それは必ずしも経済の全分野にわたって詳細な計画目標をかかげ、その一つ一つに厳格な実行を強制するものではない。（……）主として国が直接の実現手段を有する政府公共部門については、具体的で実行可能性のある計画を作ることとし、基本的にその活動を企業の創意と工夫に期待する民間部門については、予測的なものにとどめ、必要な限りにおいてのぞましい方向へ誘導する政策を検討した。（経済企画庁 一九六〇、六―七頁）

経済計画における「誘導」は、企業の工夫と政府が望ましいと考える方向性の間の調整を図る。しかし、民間部門では強制手段がもう使えないため、調整が自発的に行われるように仕掛けるための新しい手段を講じる必要がある。その手段として期待されたのが「予測的なもの」、すなわち、倍増計画に掲載された経済予測であった。経済計画基本問題研究委員会（一九六九b、一三八頁）によると、「誘導」の概念は、「国の立場からする予測は、民間の経済主体にとって一つの参考基準を与え、（……）これについて国民を啓蒙するキャンペーンの道具ともなりうる」ことを示している。

経済予測の役割に誘導が加わったことは二つの意味を持つ。まず、誘導の概念は、客観性情報を提供する記述的機能のみならず、経済主体の行動をあるべき姿に導く規範的機能に基づき経済予測の質が問われることを可能とした。経済予測のズレとは、予測が現実の投資行動の記述に失敗しただけではなく、現在の投資行動を予測に合わせることに失敗したことも示す。誘導が新しい経済計画の核心を成す以上、誘導の失敗としての予測のズレは、経済計画の基本問題になりうる。

さらに、誘導の概念は、経済予測の質を問う議論を、民間企業が経済計画の予測を「一つの参考基準」として取り入れるメカニズムという論点に変えた。経済予測は、客観性情報の伝達以上の、発話行為としての意味を持つようになったのである。誘導の概念によって予測のズレが経済計画の基本問題になる過程は、対策としての計量経済モデルの導入が、予測を通じる政府と民間の意思疎通メカニズムに関する議論の深化・多角化によって裏付けられていたことを明らかにする。

3 「誘導」――予測の新しい問題

望ましい経済行動に関する政府のイメージを、民間企業が参考基準として取り入れるメカニズムはどのようなものであろうか。経済予測による誘導という背景に、倍増計画における予測のズレは政府による誘導失敗として再定義され、誘導失敗は民間企業が経済予測を読み取るメカニズムに対する政府の単純な理解によるものとして議論されるようになった。

経済予測による誘導において、倍増計画は経済の長期的な動きに関する客観的情報の独占的供給者であった政府の権威に依存していた。「私企業経営者が、短期的な経済状態によって投資態度を動揺させることなく、長期計画に基づいて事業を運営する態度が一般的になってくれば、それによって経済全般を安定化」できるが（大来 一九六一、二九五頁）、民間の経営者はそのような長期計画を自ら立てるための情報を持ち合わせていない。倍増計画は長期的視点を教えることで、企業を間接的に誘導できる科学的権威を持つことが前提されていた。倍増計画の誘導は、予測が発話行為であることに対する認識より、予測が科学的で客観的な記述であるという期待に基づいていた。

そして倍増計画における予測のズレと過剰投資で問題になったのは、計画が基づく期待の単純さであった。経済予測が民間企業に読まれ、その行動に影響するメカニズムについての単純すぎる理解に倍増計画が基づいていたという問題が、誘導が失敗した原因として取り上げられた。その新しい問題を踏まえて一九六三年一二月に倍増計画の中止の決定を示す『国民所得倍増計画中間検討報告』は、倍増計画における誘導の失敗を次のように分析する。

倍増計画のようなひとつの経済予測が発表された場合、それがひき起こす反応によって予測の想定自体が変えられるという現象を生ずることは、ある程度必然的であるが、一部産業界の倍増計画の受け取り方は、やや無批判に過ぎたと評されよう。この点、政府の側においても、民間部門の計画の受け取り方に対する十分な配慮が欠けていたきらいがあることも認めなければならない。（経済審議会 一九六四、二三九頁）

民間企業が予測を客観的情報として活用することを想定した倍増計画に対する反省が、新しい経済計画は「これまで欠けていた（……）発表の時期、態度、一般に対する広報の方法等についても検討」する必要があると提案した同報告書のもとになっている（経済審議会 一九六四、五〇頁）。このような反省は、倍増計画で示された誘導という経済予測の役割が、誘導のメカニズムをめぐる経済学者と官庁エコノミストの議論を触発してきたことを背景とする。誘導のメカニズムに関する様々な議論を覗いてみると、政府の予測に対する企業の読み取り方はどのようなものかを分析するための多様な仮説が提案され、企業が客観的情報ではなく政府の発話行為として長期予測を読み取る可能性が示されていたことがわかる。その可能性を示す議論が、倍増計画による誘導が企業と予測の相互作用に対する単純な期待に基づいていたという反省の背景となっていた。

集団心理、競争、そして歴史と経済予測

誘導という概念を導入した倍増計画の一年目は、相変わらずの過剰投資で終わったが、誘導が予想通り

にいかない原因を、民間企業による予測の受け取り方から探る議論が流行り出した。例えば、誘導の失敗の原因として、「成長コンシャスというか、経済成長ということを身近に考える……政治心理」に焦点を合わせる説がある（都留ほか　一九六三a、一四頁）。「成長ムード」が「日本経済の行先きと企業経営の見通しに関する過度の楽観的気風」を作り出し、楽観的な見通しは成長に対する期待を高め、その循環が投資を刺激するというメカニズムに注目するという説は、最も一般大衆に広まった議論であった（経済審議会　一九六四、一三九頁）。加えて、経済予測の専門家の間で共有されていたいくつかの説があったが、その中で二つの説を取り上げたい。この二説は、計量経済学者と官庁エコノミストが倍増計画を反省し、経済予測に計量経済モデルを導入する裏付けになったものとして重要性を持つ。

第一に、経済予測の解析が民間企業の「シェア競争」に影響される可能性を示唆する説がある。「政府が見通しやなんかを倍増計画ということで発表すれば、民間企業はそれをどういうふうに受けて、おのずからそこにシェア拡大競争、シェア維持競争をする」ということを問う議論は（都留ほか　一九六三b、三二頁）、政府の統計システムとサーベイの体系化に関わっていた計量経済学者たちの理論的仮説に基づく。一九五〇年代後半から計量経済学者たちは、ホモ・エコノミクスとしての民間企業が情報を解析する方法に対する議論に取り組んでいた[7]。例えば、前代の経済企画庁経済研究所長であり、その後計量経済モデルの導入を主導した経済学者の一人である馬場正雄は、企業間の競争が情報の受け取り方に影響する次のような可能性について倍増計画が発案される前から論じていた。

種々の投資計画調査結果の発表が持つ「アナウンスメント・エフェクト」という問題である。（……）

個々の企業が、彼等自身の投資計画を、サーベイによって利用可能となった総体的な投資計画についてのデータと比較勘案し、この結果にもとづいて、当初の決意や計画を多少とも変更するかもしれぬということは、しばしばありうべき事態であろう。とくに寡占的競争が激しい産業において、トレード・ポジションの保持・強化のために行われる設備投資部分が、きわめて大きな割合を占めるであろうことを考えると、この効果やその波及的効果に対しては、予測にあたって十分注意を払う必要がある。（馬場 一九五九、三三五頁）

投資予測のために収集されたデータは客観的な情報ではなく、競争優位を争う相手の投資意図を先取って自分の戦略を変えるための道具として企業に使われる可能性がある。馬場によれば、民間投資の予測は、経済学的な意味でのゲームを想起させる。特に、日本の系列会社に見られるような、サーベイに応じた相手の顔が直ぐ思いつくような寡占競争においては、予測データは益々相手の意図を示す手がかりとして受け取られる。一九五〇年代後半までは、シェア競争は投資計画調査に対する企業の応答に影響する技術的問題として扱われていた。しかし、倍増計画において誘導が提案されてからは、シェア競争は誘導失敗の原因の一つとして論じられるようになったのである。予測が客観的情報として受け取られることを想定していた倍増計画による誘導は、シェア競争の中で企業が投資予測を受け取るメカニズムを見落としていた。

もう一つの説は日本経済の歴史的コンテキストに焦点を合わせる。この説は、シェア競争という仮説を受け入れるものの、他の寡占経済よりも日本におけるシェア維持競争の激しさが特に問題だと唱え、その理由を気質論と歴史論を総合して説明しようとするものである。「日本経済にはとかく暴走する癖とでもいうか、そういう体質があること」と、その体質を生み出した「戦後日本経済の基本的性格」があることを誘導失敗の背景として捉える説明が（都留ほか 一九六三a、一二頁）、官庁エコノミストの間で広く用いられていた。倍増計画以降の大来の考え方もその影響を受け、「日本の場合のように企業間競争が激しい経済」において「経済計画が、民間企業に過度のコンフィデンスを与え、しかもその上に企業のマーケット・シェア拡大の意欲が加わって、政府計画における見積りをはるかに超過する設備投資が行われ、景気の動揺をまねく」歴史的条件を探ろうとしていた（大来 一九六一、二九三頁）。その条件は、統制経済の歴史による企業の自己責任性の欠如であり、『国民所得倍増計画中間検討報告』も自己責任性の欠如を誘導失敗の背景として取り上げている。

企業の投資ビヘイビアを十分に合理的なものになしえなかった基本的原因は、しばしば指摘されるように、わが国企業の間に自己責任原則が徹底していないことにあろう。自己責任原則不徹底の原因としては、長期間の統制経済・封鎖経済が生んだ企業の自主的行動範囲と政府の政策範囲との境界の不明確さ、企業の安易な政府依存傾向などがあげられ、戦後の経済拡大過程で強気一本槍の経営態度をとった企業が結果的には成功した事例が多かったことが一般の正常な企業経営感覚をまひさせたことも否めない。（経済審議会 一九六四、二三八頁）

日本の民間企業、特に寡占状態のシェア競争を主導する系列会社が自己資本を超える無理な設備投資を続けられた背景には、日本開発銀行を通しての政府支援があった[8]。政府支援に依存し能力以上の競争を繰り返す過程で生まれた政府依存の傾向は、統制経済においては合理的期待に基づくものであったともいえる。しかし、統制から誘導へ経済政策の基調が移ってからも続く政府依存は、合理的判断の結果ではなく習慣や気質の問題として取り上げられた。官庁エコノミストは計量経済学者の解析と違って、企業のホモ・エコノミクスとしての戦略ではなく、歴史的な習慣や気質を予測の受け取り方に影響を与える要因として捉えていた。

無論、シェア維持競争の中の民間企業が政府の経済予測を受け取る方法をめぐる計量経済学者と官庁エコノミストの異なる説明が、当時誘導の失敗を説明していた説を全部まとめられるものだとはいえない。その限界にもかかわらずその二つの説明が、他の説とともに倍増計画の想定していた予測の受け取り方の単純さを明らかにする基準を提供したのは確かである。その上、投資行動の誘導が失敗し、倍増計画が中止され、解決策として計量経済モデルの導入が決まる過程は、解決策の構想が、先述の二つの仮説によって裏付けられていたことを示している。

4　計量経済モデルの「整合性」——誘導の新しい手法

倍増計画に対する反省を背景に、新しい計画では、予測の問題を経済計画の中心的な問題として扱うことになり、新しい組織が整備された。経済審議会と経済企画庁は一九六四年二月、計量小委員会を新設した。小委員会は大川一司、馬場正雄、内田忠夫など、既に様々な経路で長期計画の経済予測に関わっていた

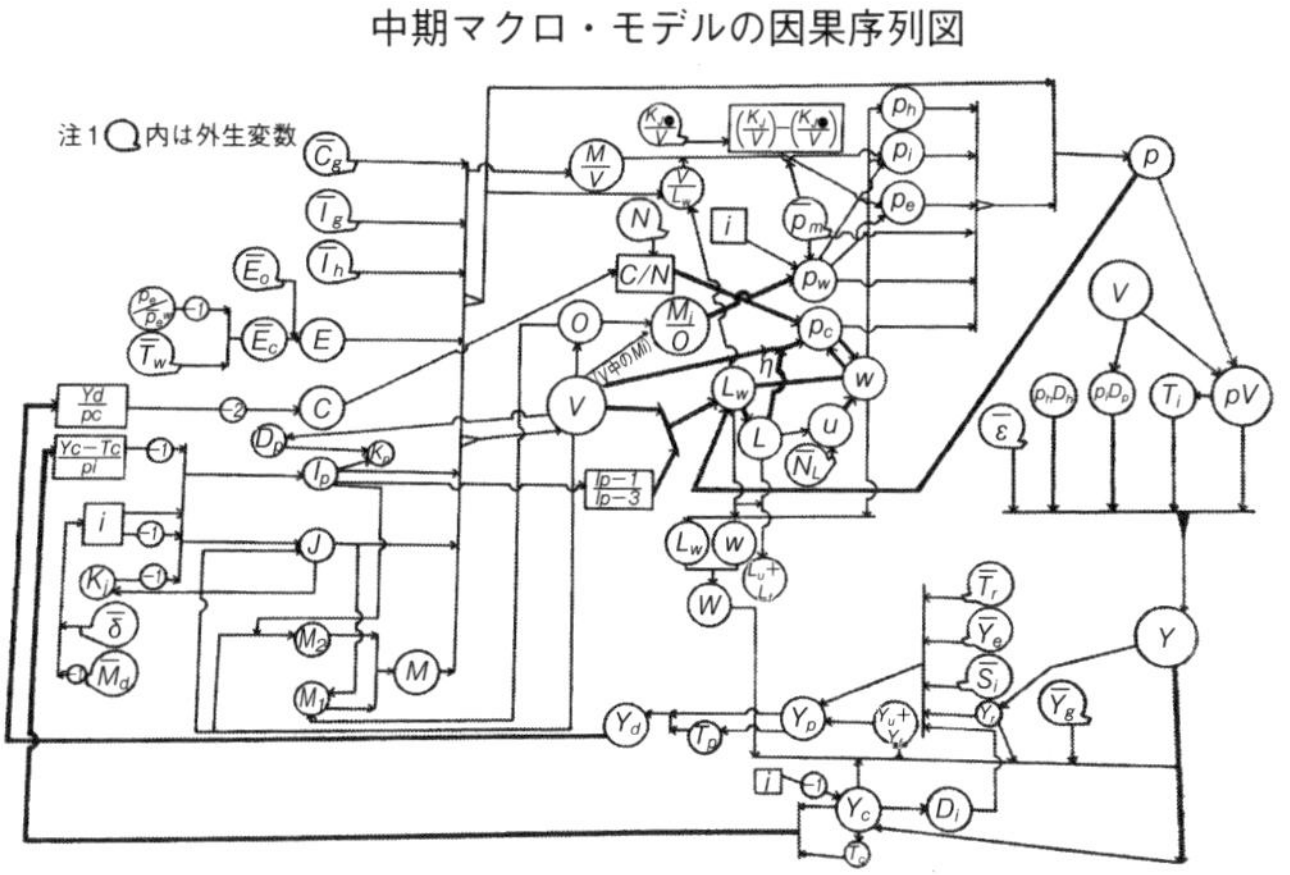

図10-1　中期経済計画・中期マクロモデル因果序列図
（経済企画庁 1965：90）
政府経常支出（C_g）、政府資本形成（I_g）、公共事業剰余金（Y_g）。

計量経済学者を一堂に集め、中期経済計画を構成する全分科（労働、鉱工業、エネルギー、農林漁業、財政金融などの一〇分科）における予測指標の選定と計算を中央で検討、調整または指導できる独立した中央組織としての権限を与えた。

小委員会が重点的に進めた事業は、中期経済計画の全ての予測指標を含む五つの経済計画モデルの開発であった。この五つのモデルは、「各種の計画変数を国民経済計算の体系において矛盾なく定義づけ、これらを会計的な定義式によって相互に連結させる」上に、「これらの変数相互間の依存関係や因果関係を計量経済学的に測定」するためのものであった（経済企画庁 一九六五、五頁）。言い換えれば、「計画変数相互間の斉合性を確保する」ことが計量経済モデル導入の目標であった（経済企画庁計量小委員会 一九六六、i頁）。倍増計画まで、予測指標の選別と計算は、労働分科や財政金融分科など、計画を構成する各々の分科の政策を実際に担当する省庁に任されていた。計算の整合性を検討するための共通の基準が整備されず、お互い影響することが確かな政策の間でも、指標の計算のつじつまが合わないという問題を改善しようとしていた（内田 一九六四a：一九六四b）。小委員会は、予測指数を図10-1のように全ての変数が依存関係や因果関係で結ばれたモデルに組み込み、一つの指数の計算が必ずモデルの他の指数の計算と連動するような交差検定システムを立てた。

交差検証の強化により経済予測の精度は上がる。小委員会も予測の精度の改善を期待していたが、予測指標の整合性の確保は、投資誘導の失敗に対する小委員会の答えでもあった。その答えは、予測の整合性の欠如こそ誘導を失敗させた重要な原因であるという診断に基づき、またその診断は、シェア競争の中の予測の受け取り方に対する計量経済学者たちの理解に基づいていた。内田は、ゲーム理論のような理解に基づき、小委員会の活動を通じて話し合った官僚たちが「計画の数字というのは、狐と狸のだまし合いみたいになって」いることに対する認識が足りなかったことを、次のように批判していた（内田 一九六四b、二九頁）。

所得倍増計画の数字、（……）あれをもとにして、企業がもしも計画を立てたとするならば、非常におかしい計画であるということが、すでに実証されていると思うのです。といいますことは、いったい政府がこういう経済計画をやった場合に、どこにいちばんの重点をおくかという点で、日本経済がこうなるだろうなとか、民間のはこういうふうにすべきだろうというようなことよりも、政府としては、こういうことをほんとうにしっかりやりたい、ついては民間は、この点でどうであろうかといったようなところが中心になるべきであって、成長率がどうだとか、こまかい数字の面というのは、これはむしろ発表しないほうがいいかもしれないです。（内田 一九六四b、二九—三〇頁）

シェア維持競争に対する馬場の議論の中の企業は、投資予測を客観的な情報としてではなく、競争相手の意図を先取りする手がかりとして読む。同じく内田も、政府の統計の出し方を観察し、そのパターンから政府の意図を読み取ろうとする企業を想定する。このような解釈を踏まえれば、政府の予測の発表は、政府と企業がお互いの意図を確認し、交渉を始めるための発話行為ともいえる。そして民間のそのような受け取り方を踏まえれば、倍増計画の誘導失敗も十分予想できた。もし「倍増計画の数字」のように、政府の予測指標がつじつまの合わないまま出されたら、企業は政府の意図が統一的に読み取れず、結果的にその意図に応じようとする企業の行動計画もつじつまが合わない「非常におかしい計画」になるしかない。無秩序な計画の間では相互調整も当然できず、無秩序な投資が増える一方になる。このような診断からすれば、計量経済モデルは、数学的な無矛盾性を保つ機能のみならず、政府の意図を一貫的に示す語りとしての機能を持つ。そしてその一貫的な意思表明により、企業の行動を予測可能で合理的なものに誘導する媒体として働く。

無論、計量経済モデルの導入は、計量経済学者の専門性と小委員会の権限のみで進められるものではなく、各省庁が小委員会の介入に反発することが多かった（内田 一九六四a：一九六四b）。小委員会が統計面の技術的指導以上の権限を要求していると思う省庁の中には総合計画局もあったが（向坂 一九六四：一九六五）、中期経済計画の作成が進みつつ、総合計画局の官庁エコノミストは整合的モデルによる投資行動の誘導という構想に共感し、計量経済モデルの導入と活用の協調者となる。しかし、その共感は、計量経済学者によって理論的に想定された企業ではなく、政府依存の歴史的気質を持つ日本民間企業を整合的モデルが誘導できる可能性に基づいていた。例えば、総合計画局の官庁エコノミストとして中期経済計画の作成に参加した林雄二郎と小金芳弘は、「どのような強力な政治の天才が独占体制のもとに実行したとしても実現できるはずのないもの」があるとするキャンペーン媒体としての整合的モデルの役割に共感した（小金 一九六五、五八頁）。

日本経済の全体の仕組みを示す模型の中のからくりとして、それを示しているという点で、たしかにこんどのモデルは画期的なものであった。（……）例えば、民間投資設備の水準と金利との関係はこんどの計画のモデルでは、金利が下がれば設備投資がふえる。上がれば設備投資は縮小するという関係になっている。これは、たしかに個々の企業家の実感としてはピンとこないかもしれない。今日の、当面の気持ちとしては、とにかく金利が高くてやりきれない、もう少し金利が下がってくれないものだろうか、という実感が切実なものがあるに違いない。そこへもってきて、金利を下げれば設備投資がふえることになりますが…などといわれると、ますます変な感じになる。（……）それはやはり、従来のメカニズムの路線の範囲内でやり得るかぎりのことしかできないということになる。つまり、モデルの示す因果関係に従わざるを得ないということになる。――それは実感と違うといっても、そうなれば実感のほうがおかしいといわざるを得なくなってこよう。（林 一九六八、一八三―一八四頁）

計量経済モデルが描く図10-1のような関係図では、政府経常支出、政府資本形成、公共事業剰余金など、政府が統制できる財政政策の予測指数が、政府が統制できない家計・民間部門・国際経済の指数との依存関係や因果関係で結ばれ、恣意的に操作できないようになっている。このように「政府公共部門は、民間企業や家計と並列的に経済社会の一部門を形成している」ことを示すモデルは、「政府がその気にさえなればどのような目標でも達成できるとはいっていない」(小金 一九六五、四三頁;四五頁)。政府は万能ではないということを示す計量経済モデルは、日本企業の歴史的気質である政府依存性を弱めることで投資行動を誘導する。

経済予測による「誘導」に関わる議論は、それまで過渡期の技術的問題としてしか捉えられなかった予測のズレを、計画の成否を分ける中心的な問題としただけではない。予測の受け取り方と投資行動の関係に関わる議論は、その問題の解決の構想に寄与した。計量経済モデルという、きわめて数学的な手法の導入が中期経済計画の中心となる過程は、数学的整合性の高いモデルが読み手の認識と行動に及ぼす影響力を発見する過程でもあった。整合的モデルが予測の正確性と客観性の改善に寄与する部分も無論あったが、その寄与に対する期待に還元されない、モデルの誘導機能に対する期待が確実に計量経済モデルの導入を牽引していたのである。

結　論——未来記述と発話行為が交わるところ

経済予測の専門家は、客観的で科学的な予測を立てる方法以外にも、予測の発話行為としての影響力について論じてきた。一九六〇年代の日本の経済計画における計量経済モデルの導入の事例は、経済予測の専門家が予測の発話行為としての影響力を議論する目的が、その影響力を予測の客観性とは相容れないものとして抑制するためだけではなかったことを示す。予測の発話行為としての影響力を活用し投資行動を誘導するという目的が、経済モデルの導入を裏付けていた。民間企業が数学的整合性を極めた統計モデルにどう影響されるかについて計量経済学者と官庁エコノミストが交わした議論は、日本の経済計画への計量経済モデルの導入の背景と過程を理解するために欠かせない論点である。第4章（矢守）で論じられているように、予測が外れ、その経験が次の予測にフィードバックされる過程は、予測の精度を高めるという目的だけではなく、一層多様な実践的志向によって牽引される場合もある。

しかし、本章の事例は経済予測の発話としての影響力に対する経済専門家の認識と態度の多様性を例示するものであり、事例の普遍性を主張するものではない。理論とモデルの提供者として経済予測を主導してきた経済学者の間では、そのような影響力の存在が知られていたとしても、それを予測の科学性を保つために抑制すべき対象として扱う態度が一般的かもしれない。本章の事例は、カロンが「在野経済学者」（economist in wilds）と呼ぶ、経済学の理論とモデルを、経済学の規範より現場の論理が優先される実務の領域へ積極的に持ち込む、アカデミアの外の専門家たちによって主導されたともいえる（Callon 2007; Callon and Rabeharisoa 2003）。官庁エコノミストのみならず、企業家団体の民間エコノミストも、経済学者と一緒の紙面で討論し、その結果が大衆に広く読まれた日本の一九六〇年代も（杉原 一九八七）、まさにアカデミックな経済学の規範が相対的に弱い時期だったかもしれない。計量経済学が決定的な役割を担ってはいたが、経済学の制度的基盤と研究関心が政府の政策と強い繋がりの中で形成された事例として、フランスと共に経済学史の比較研究でよく取り上げられる日本の歴史的文脈を考える必要もあるだろう（Fourcade 2009；池尾 一九九九：O'Bryan 2009）。それにもかかわらず、本章は、学派や国によって科学と実践の関係が多様な経済学の歴史を踏まえ、予測の発話としての影響力に関しても、経済学者の認識や態度には広い幅があるということを示す事例となった。

最後に、本章の事例の中でモデルの記述的機能と誘導機能が結び付く方法においても、広い幅が観察できることを指摘しておきたい。計量小委員会が考える誘導は、政府の経済予測を政府の意図の手がかりとして受け取られるメカニズムに基づいている。しかし、予測の持続的な間違いは、予測の間違いに意図があると思わせ、投資行動に影響を与えてしまう（内田 一九六四b、二九頁）。官庁エコノミストの考える誘導は、政府の能力が制限されている現実を民間企業に見せる媒体として予測モデルを使う。しかし、その「現実」が必ず世界の客観的再現である必要はない。政府が動かせる指数の動きが他の指数の動きによって制約される様子を示すことが重要で、その動きが必ずモデルの外の世界と一致する必要はない。計量小委員会も、官庁エコノミストも、客観的情報の必要性は否定しないものの、誘導の機能が客観的記述に依存する程度については見解が分かれるところである。予測の会話としての側面に対する予測専門家の認識の多様性に加わって、予測の記述的側面と発話としての側面の関係に対する認識の多様性も、経済予測のモデルと手法の比較研究を広めるための重要な手がかりである。

（1）『エコノミスト』誌の一九六三年五月の座談会で、経済学者の小宮隆太郎が国民所得倍増計画における経済予測の用い方を、「予測と政策のアイノコみたいな、あいまいなもの」と称した（都留ほか 一九六三b、三三頁）。本章のタイトルは、その発言の表現を変えたものである。

（2）経済学者自ら経済モデルの実物経済への影響を分析した議論としてカロンが紹介した研究の例は、ジェラルド・R・フォールハーバーとウィリアム・ボーモルの論文を参照すること（Faulhaber and Baumol 1988）。

（3）計画に使用するモデルに全く変化がなかったわけではない。経済自立五ヵ年計画が用いたコラム方式という方法論の代わりに、新長期経済計画は想定成長率法という方法論を導入した。しかしながら、この変化は予測を上回る経済成長に合わせて方法論を再検討した結果というより、経済成長の中心的要因に関する日本経済学界の理論的焦点が生産人口と労働力から設備投資へ移ったことを反映する。国民所得倍増計画は予測のズレにもかかわらず、新長期経済計画と同じく想定成長率法を用いている。当時の経済計画においてコラム方式と想定成長率法の差が持つ意味は、大来の解説を参照すること（大来 一九六〇、一四〇―四頁）。

（4）持続的な経済成長の可能性に関する一九五七―一九五八年の在庫論争と一九五九年の成長論争の内容と背景およびその影響については、早坂・正村（一九七四、八四―八頁）の要約を参照すること。

（5）欧米先進国が経済成長を圧迫するため使用した外交・金融的手段と、経済自由化を先延ばしにするため日本政府が一九五〇年代に発案した法律と政策は、ジョンソン（一九八二）とガオ（Gao 1997）が網羅している。

（6）経済企画庁の誘導は、経済の直接統制に代わる間接的介入方法を探そうとした経済官庁の多岐な試みの一つで、通商産業省は民間企業の間に広く構築してきた人的ネットワークを利用する「行政指導」を試みた。行政指導の概念と方法に関してはジョンソン（一九八二）と大山（一九九六）の説明を参照されたい。

（7）経済学理論で、仮説的想像が担う役割に関してはベッケルトの研究（Beckert 2016）が知られている。

（8）支援の具体的な仕組みはジョンソン（一九八二）と、宇沢・武田（二〇〇九）、そしてローゼンブルース・ティース（二〇一〇）を参照のこと。

参考文献

池尾愛子　一九九九：『日本の経済学と経済学者――戦後の研究環境と政策形成』日本経済新聞社。
宇沢弘文・武田晴人編　二〇〇九：『日本の政策金融（1）高成長経済と日本開発銀行』東京大学出版会。
内田忠夫　一九六四a：「新しい長期計画への提言」『中央公論』七九巻一号、一二一〇―一二〇頁。

内田忠夫　一九六四b：『中期経済計画について』産業計画議会。
江川美紀夫　二〇一三：「ケインズが『一般理論』で説いていたこと」『亜細亜大学国際関係紀要』二二巻二号、五一―八二頁。
大川一司　一九五九：「戦後の経済指標と経済予測の問題点」『経済評論』八巻三号、二―八頁。
大来佐武郎　一九六〇：『所得倍増計画の解説』日本経済新聞社。
大来佐武郎　一九六一：「市場経済における計画――国民所得倍増計画の背景」『経済研究』一二巻四号、二八九―九五頁。
大山耕輔　一九九六：『行政指導の政治経済学――産業政策の形成と実施』有斐閣。
クーン、T・S　一九七〇：『科学革命の構造』みすず書房。
九鬼一人　一九九〇：「知覚の理論負荷性と相対主義」『科学基礎論研究』二〇巻一号、一五―二〇頁。
経済計画基本問題研究委員会　一九六九a：『日本の経済計画――経済計画基本問題研究委員会報告書』大蔵省印刷局。
経済計画基本問題研究委員会　一九六九b：『最近の経済計画における問題点――経済計画基本問題研究委員会報告書参考資料1』経済計画基本問題研究委員会。
経済企画庁　一九五七：『法人企業の設備投資動向について』経済企画庁。
経済企画庁　一九五八：『法人企業の投資予測統計調査』経済企画庁。
経済企画庁　一九六〇：『国民所得倍増計画』経済企画庁。
経済企画庁　一九六五：『中期経済計画』経済企画庁。
経済企画庁計量小委員会　一九六六：『計量経済モデルによる日本経済分析――計量小委員会研究報告書』経済企画庁。
経済審議庁　一九五三：『昭和二六年度の国民所得の報告』経済審議庁。
経済審議会　一九六四：『国民所得倍増計画中間検討報告』大蔵省印刷局。
小金芳弘　一九六五：「計画作成の経過と特色」『中期経済計画の解説――昭和四三年の日本経済』向坂正男編、日本経済新聞社、三三―六〇頁。

斎藤宏之 一九九〇：「W. C. ミッチェル思想の基本的特徴――景気循環研究と学史研究との関連をめぐって」『日本大学経済学部経済科学研究所紀要』一四号、一四九―五九頁。
向坂正男 一九六四：「中期経済計画の有効性――「計画」の批判にこたえる」『エコノミスト』四二巻五〇号、三四―四〇頁。
向坂正男 一九六五：「計画の基本的な考え方」『東商』二一一号、二五―七頁。
ジョンソン、C・A 一九八二：『通産省と日本の奇跡――産業政策の発展 1925-1975』勁草書房。
杉原四郎 一九八七：『日本の経済雑誌』日本経済評論社。
鈴木芳徳 二〇〇四：「ケインズ「美人投票論」の謎」『商経論叢』四〇巻一号、七三―八九頁。
都留重人・向坂正男・湊守篤・嘉治元郎・小宮隆太郎 一九六三a：「日本経済の進むべき道（上）――所得倍増計画の再検討をめぐる問題点」『エコノミスト』四一巻一九号、六―一七頁。
都留重人・向坂正男・湊守篤・嘉治元郎・小宮隆太郎 一九六三b：「日本経済の進むべき道（下）――所得倍増計画の再検討をめぐる問題点」『エコノミスト』四一巻二一号、二八―三四頁。
東條隆進 一九九七：「ケインズ、ウィトゲンシュタイン、ムーア――ケインズ『一般理論』の世界」『早稲田社會科學研究』五一号、一―二四頁。
中村隆英・宮崎勇・堀比呂志 一九六四：「日本経済のヴィジョンと中期経済計画」『経済評論』一四巻一号、六二―七三頁。
馬場正雄 一九五九：「設備投資計画の分析」『経済評論』八巻三号、二六―三六頁。
早坂忠・正村公宏 一九七四：『戦後日本の経済学』日本経済新聞社。
林雄二郎 一九六八：『未来学の日本的考察』ぺりかん社。
ハンソン、N・R 一九五八：『科学的発見のパターン』講談社。
古田智久 一九九八：「翻訳の不確定性とは何か」『科学基礎論研究』二五巻二号、八三―八頁。
宮舘恵 一九八三：「理論の決定不全性と言語理論の不確定性」『哲学』八三号、三三―六〇頁。

モーリス・鈴木、T 一九九一：『日本の経済思想——江戸期から現代まで』岩波書店。

ローゼンブルース、F・M、ティース、M・F 二〇一〇：『日本政治の大転換——「鉄とコメの同盟」から日本型自由主義へ』勁草書房。

吉井昌彦 一九九六：「社会主義経済崩壊の基礎理論」『神戸大學經濟學研究年報』四二号、一〇五—一三〇頁。

Beckert, J. 2016: *Imagined Futures: Fictional Expectations and Capitalist Dynamics*. Harvard University Press.

Breslau, D. 2003: "Economics Invents the Economy: Mathematics, Statistics, and Models in the Work of Irving Fisher and Wesley Mitchell," *Theory and Society*, 32(3), 379–411.

Callon, M. 2007: "What Does It Mean to Say That Economics is Performative," MacKenzie, D. and Muniesa, F. (eds.) *Do Economists Make Markets?* Princeton University Press, 311–357.

Callon, M., and Rabeharisoa, V. 2003: "Research 'in the Wild' and the Shaping of New Social Identities," *Technology in Society*, 25(2), 193–204.

Collins, H. 1985: *Changing Order: Replication and Induction in Scientific Practice*, Sage.

Desrosières, A. 2011: "Words and Numbers: For a Sociology of the Statistical Argument," Saetnan, A. R., Lomell, H. M., and Hammer, S. (eds.) *The Mutual Construction of Statistics and Society*. Routledge, 41–63.

Eyal, G. 2003: *The Origins of Postcommunist Elites: From Prague Spring to the Breakup of Czechoslovakia*. University of Minnesota Press.

Faulhaber, G. R., and Baumol, W. J. 1988: "Economists as Innovators: Practical Products of Theoretical Research," *Journal of Economic Literature*, 26(2), 577–600.

Fourcade, M. 2009: *Economists and Societies: Discipline and Profession in the United States, Britain, and France, 1890s to 1990s*. Princeton University Press.

Gao, B. 1997: *Economic Ideology and Japanese Industrial Policy: Developmentalism from 1931 to 1965*. Cambridge University Press.

Hein, L. E. 1993. “Growth Versus Success: Japan's Economic Policy in Historical Perspective,” Gordon A. (ed.) *Postwar Japan as History*. University of California Press, 99–112.

Holmes, D. R. 2014: *Economy of Words: Communicative Imperatives in Central Banks,* University of Chicago Press.

Kornai, J. 1992: *The Socialist System: The Political Economy of Communism*. Princeton University Press.

Leifer, E. M. 1992: “Denying the Data: Learning from the Accomplished Sciences.” *Sociological Forum,* 7(2), 283–299.

O'Bryan, S. 2009: *The Growth Idea: Purpose and Prosperity in Postwar Japan*. University of Hawai'i Press.

Pixley, J. 2002: “Emotions and Economics,” *The Sociological Review,* 52(S2), 69–89.

Quine, W. V. O. 1951: “Two Dogmas of Empiricism,” *The Philosophical Review,* 60(1), 20–43.

あとがき

本書は、地震学、防災人間科学、経済学、犯罪学、生命科学、疫学、リスク学などを専門あるいは研究対象とする文系、理系の研究者らによる学際研究の成果である。学際研究というと、研究スタイルや研究文化の違い、固有の方法論の不在、研究成果に対する評価の基準の不在など、研究遂行上の課題が指摘されることがままある。われわれも実際に共同研究を始めてみると、予測科学や予測モデルを研究する研究者や、人の行為や意味付け、対象とする研究者など、多様なアプローチが行き交い、問題がかみ合わないということに直面し、研究メンバーの学問上の違いが浮き彫りになった。その違いが消え去ったわけではないが、研究会を重ねるうちに、気候や災害予測、市場予測、技術予測など、予測が社会に、広く影響を与えているという状況、その問題を科学と社会からアプローチすることの意義が強く意識されるようになり、それが課題を進める推進力となった。そのプロセスに深くかかわることができ、知的な刺激が多い四年間であった。学際研究は成果の見通しが立てにくいという声に反して、その成果を本という形で取りまとめることができたことは嬉しく思う。われわれが目指していたのはいわば「予測科学のメタ社会学」という新領域の創成であるが、やり残したことが多くある。ビッグデータの社会的諸側面というテーマやロードマップという予測ツールの行為遂行性など、国際的に研究蓄積が進みつつある興味深いトピックがいくつもあるが、今回はそれらを取り扱うことができなかった。データ化する社会を背景に、今後も予測を社会の問題としてとらえることますます重要になるであろう。より多くの人がこのテーマに関心を持ち、さらなる研究の蓄積が進むことを願う。

この本は、決して科学技術社会論や科学社会学に関心を持つ読者にだけ向けて書かれたものではなく、むしろ本書が取りあげた地震学や疫学などを専門とする自然科学の研究者にも読んでいただきご批判をいただきたいと思う。科学の客観性を批判する極端な相対主義の立場を取らず、社会の中における予測科学、あるいは予測科学という営為の中に存在する社会を考えるための材料を提供したつもりである。

本書は、日本学術振興会による科学研究費補助金、基盤研究（A）「「予測」をめぐる科学・政策・社会の関係――科学社会学からのアプローチ」（二〇一五～二〇一八年度）によって得られた研究費による共同研究がベースになっている。日本学術振興会による研究資金の支援に対して感謝を述べたい。また、本研究プロジェクト期間中、社会学、科学技術社会論、イノベーション研究、科学政策、科学史等、関連する専門分野の研究者の方々に情報提供をしていただくとともに、本プロジェクトに対して様々なご示唆をいただいた。ここで順に感謝を述べたい。カリフォルニア州立大学アーヴァイン校インフォーマティックス教授Geoffrey C. Bowker 氏（情報インフラ科学技術社会論）、コーネル大学科学技術社会論教授Stephen Hilgartner氏（生命科学の社会学）、マーストリヒト大学科学技術社会論教授Harro van Lente 氏（期待の社会学）、エジンバラ大学科学技術イノベーション研究プルグラムリーダー Jane Calvert 氏（生命科学の社会学）、エジンバラ大学科学技術イノベーション研究プログラム講師 Niki Vermeulen 氏（科学研究の組織論）らに本プロジェクトの研究会にご参加いただき、コメントをいただいた。また、国立科学博物館理工学研究部研究員、有賀暢迪氏（科学史）、文部科学省科学技術・学術政策研究所科学技術予測センター主任研究官、白川展之氏（科学政策）は、研究会にご参加いただくだけではなく、科学技術社会論学会年次大会における「予測と社会」というセッションにご登壇をしていただいた。また、連携研究者である、早稲田大学理工学術院創造理工学部社会文化領域教授、綾部広則氏（科学社会学）、中央大学法学部教授、秋吉貴雄氏、公益財団法人未来工学研究所主任研究員、田原敬一郎氏は、課題実施の過程において様々な形でご協力くださった。ここに深く感謝を申し述べたい。最後に、東京大学出版会の神部政文氏、後藤健介氏には、本書の編集にあたり大変お世話になった。出版の機会を下さったことに感謝をしたい。

振り返って、この四年間は、研究会の準備や研究メンバーへの連絡に奔走する日々であったが、研究会で知的な刺激を受けるたびに、また次の研究会も企画しようというエネルギーが生まれた。充実した四年間をくださった、研究メンバーにも大いなる感謝を述べたい。

山口富子

や　行

ら　行

わ　行

た 行

な 行

さ　行

索　引

あ　行

か　行

執筆者一覧（執筆順）

福島真人（ふくしま・まさと）	東京大学大学院総合文化研究科教授
山口富子（やまぐち・とみこ）	国際基督教大学教養学部教授
鈴木　舞（すずき・まい）	東京大学地震研究所特任研究員
矢守克也（やもり・かつや）	京都大学防災研究所教授
日比野愛子（ひびの・あいこ）	弘前大学人文社会科学部准教授
橋本　敬（はしもと・たかし）	北陸先端科学技術大学院大学知識科学系教授
纐纈一起（こうけつ・かずき）	東京大学地震研究所教授
奥和田久美（おくわだ・くみ）	文部科学省科学技術·学術政策研究所客員研究官／北陸先端科学技術大学院大学客員教授
村上道夫（むらかみ・みちお）	福島県立医科大学医学部准教授
ソン·ジュンウ（Joonwoo Son）	コロンビア大学大学院社会学専攻博士課程

予測がつくる社会
「科学の言葉」の使われ方

2019年2月26日 初 版

[検印廃止]

編 者 山口富子《やまぐちとみこ》・福島真人《ふくしままさと》

発行所 一般財団法人 東京大学出版会
代表者 吉見俊哉
153-0041 東京都目黒区駒場 4-5-29
http://www.utp.or.jp/
電話 03-6407-1069 FAX 03-6407-1991
振替 00160-6-59964

印刷所 株式会社真興社
製本所 牧製本印刷株式会社

ISBN 978-4-13-056120-4 Printed in Japan